ワイン「テイスティング」入門

はじめてでもわかる基本と実践

Introduction to Wine Tasting

監修
ワインブックス代表
前場 亮

メイツ出版

はじめに

僕はワイン初心者を増やしたくて、ワインの世界を初心者に優しいものにしたくて、ワインの魅力を多くの人に伝えるさまざまな活動をしています。

ワインのテイスティングは、初心者の方がもっとワインについて知りたいと思ったとき、次のフェーズで必ず気になるテーマです。この本を手にしたあなたも、おそらくワインについてある程度の興味がある方でしょう。

ワインをすでにかなり飲み込んでいる人もいれば、なにかのイベントのときに口にして、「なんとなくワインの味わいや飲む雰囲気が好き」という人もいるはずです。

日常的にワインライフを楽しんでいる人もいれば、ひょっとしたらワイン系の資格試験に興味のある人もいるでしょう。

ワインのテイスティングが少しでもできるようになると、ワインライフの質が一気に上がります。ワイン仲間も増えて、さらに広くて深いワインの世界に足を踏み入れることができます。

あなたが普段お飲みのワインの価格はいくらでしょうか？　もちろん金銭感覚は人それぞれです。だからいくらでもかまいません。

ですが、1万円のワインの味わいを、5千円で買うことができればお得な気になるものでしょう。さらに、普段お飲みの1500円のワインが実は1万円のワインと同じ味わいだったら、なにか素敵な気がしませんか？

ワインのテイスティングは、ワインをできる限り客観的に分析して、平易な言葉で表現をすることで、他人とワインの味わいを共有することが目的です。

ワインを客観的に分析できるようになりますから、ワインの価格や、他人の評価から解放され、あなた自身で、あなたの好みに合ったワインを選ぶことができる。これが最大の魅力です。

ワインの分析ができなければ、当然判断のしようがありませんから、価格や他人の評価、何となくの雰囲気で選ぶしか方法はありません。

しかし、ほんの少しの分析ができることで、あなたの好みでワインを選ぶことができる。しかも何にも振り回されずに。ひょっとして「でも、そんなこと言ったって、ワインテイスティングって、プロのものでしょ?」そう思った人も多いはずです。仕方ありません。それが普通の感覚です。

ですが、あなたはすでにここまで読んでくれた。この事実があります。だから大丈夫。まずは、あなたの主観でかまいませんから、感じたままに、ワインを飲みながら本書を読み進めていってください。

本書をここまで読んでくれたあなたであれば、誰でも最後まで読み続けられるし、何度でも読めるようにさまざまな工夫をしてあります。

最後まで一通り読むことで最低限のテイスティングはできるようになるし、これによってあなたのワインライフは劇的に向上することをお約束します。

話が長くなってしまいました。さあ、一緒にワインテイスティングの世界へ、足を踏み入れましょう!

株式会社ワインブックス代表取締役　前場亮

ワイン「テイスティング」入門
はじめてでもわかる基本と実践

Contents

本書の見方

本書はワインのテイスティングをこれからはじめてみたいという方に向けて基礎的な情報やテクニックを解説しています。第1章では、ワインのテイスティングの基本的なやり方を解説しています。第2章では、ワインテイスティングを楽しむために、グラスの扱い方やワインの開け方、ワインの保管方法などを解説しています。第3章では、主要なブドウ品種を紹介しています。どこから読み進めてもかまいません。気になったページから読み進めてみましょう。

NG■テイスティングをするうえで、NG例も紹介しています。

Point■各項目のポイントは、豊富な写真や図解で解説しています。

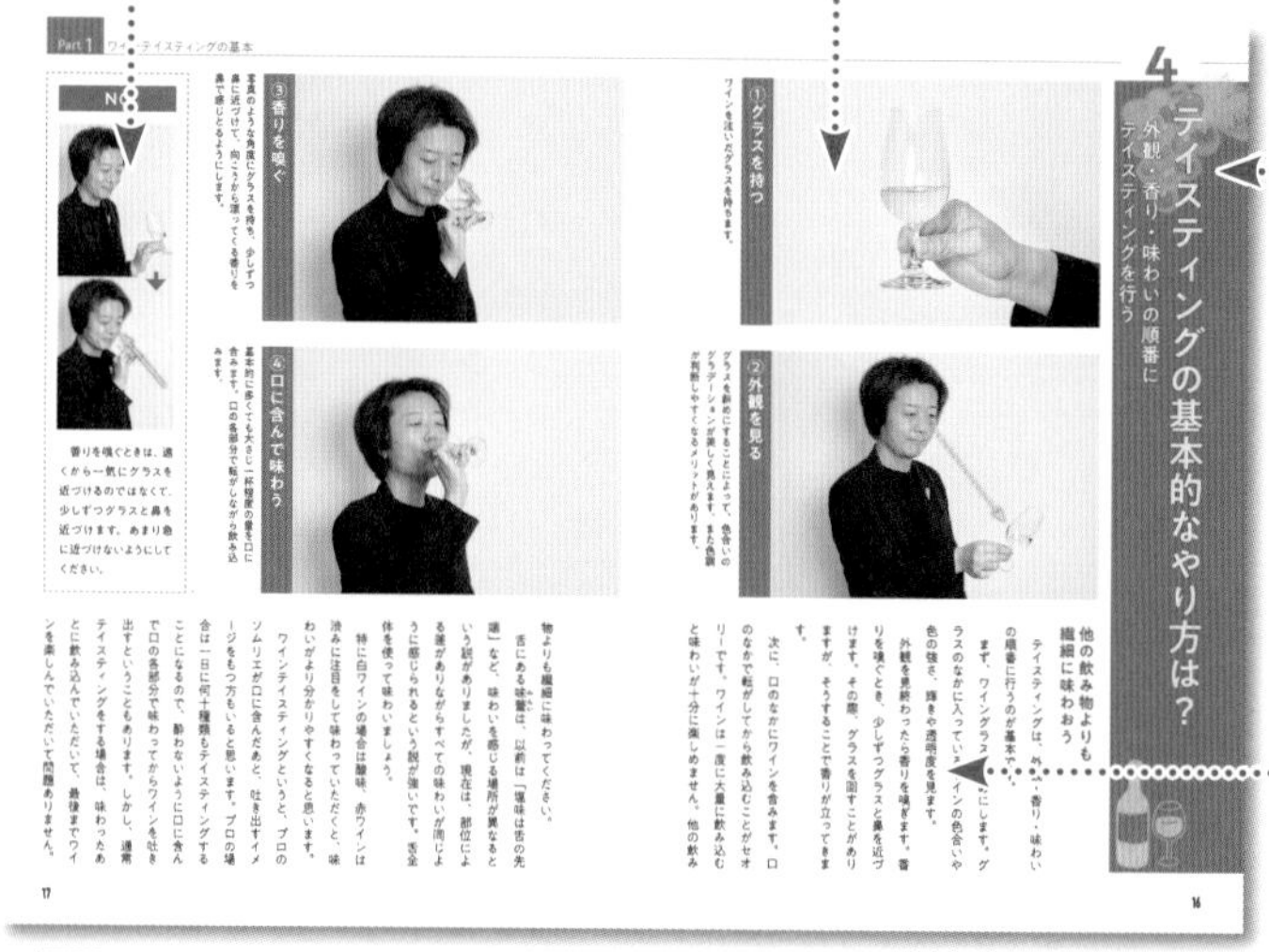

項目■本書では、ワインテイスティングを知るうえで知っておきたいテクニックや知識を、見開きごとの項目に分けて、わかりやすく解説しています。

本文■各項目を詳しく解説しています。

主要なブドウ品種■第3章では、主要なブドウ品種を紹介しています。

主な産地・主な銘柄■各品種の主な産地と銘柄を紹介しています。

※本書の情報は2024年3月31日時点のものです。

Part 1

ワインテイスティングの基本

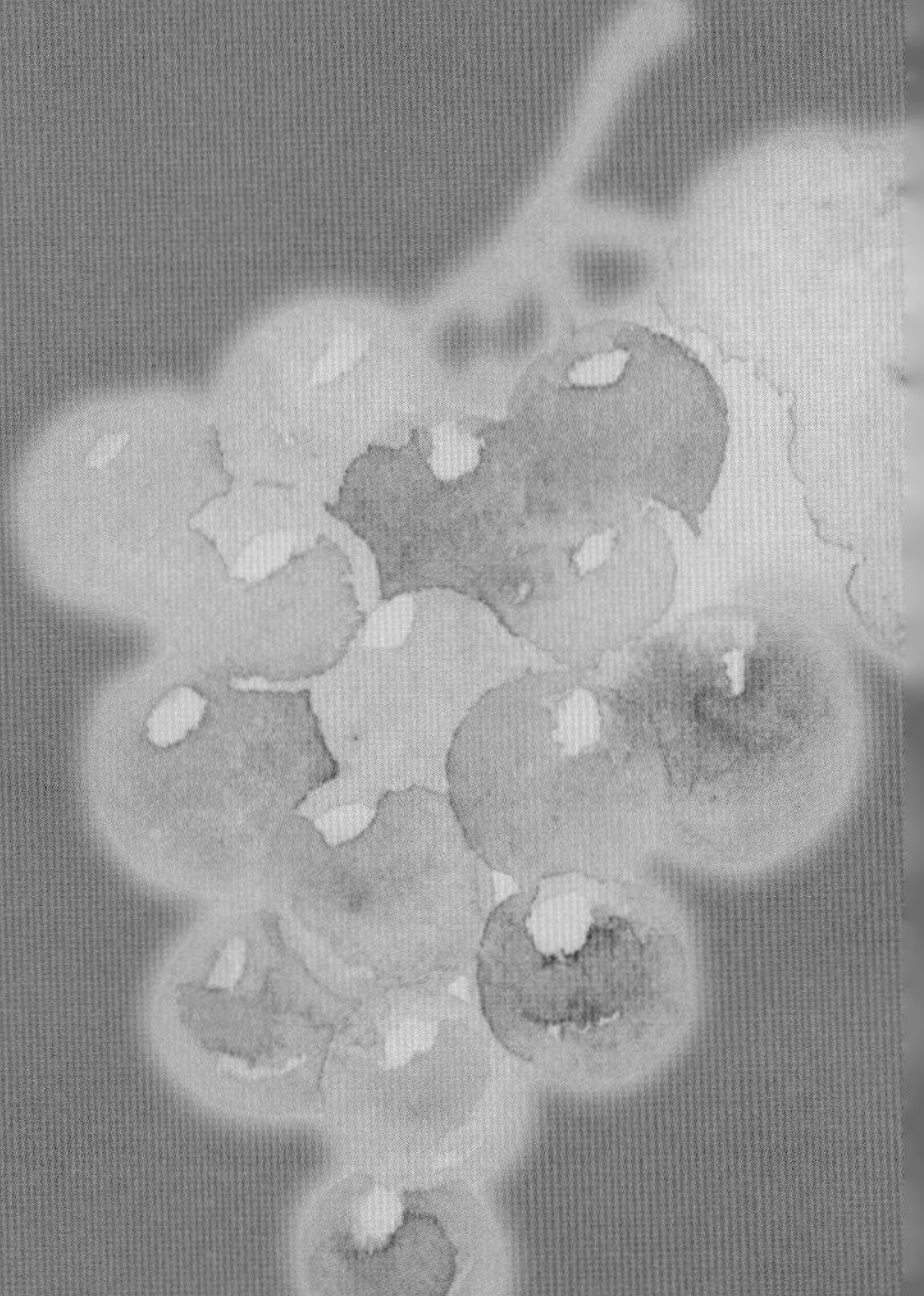

1

テイスティングとは？

香りや味わいを共通の言語で他者に誤解なく伝える

銘柄当てが主目的ではなく ワインを楽しむために

ワインのテイスティングとは、ワインの外観、香り、味わいを分析して、これを言葉にして表すことを指します。

いくつか並んでいるワインの違いを表現するとします。ワインは基本的には液体のため、料理の違いを表現するときのように、素材の違いや食感、盛り付けなどのわかりやすい違いを見出しにくいです。そのため、「なんとなく」の違いでしか分類できないのが、普通の感覚でしょう。

この「なんとなく」を言語化することで、ワインの印象が具体的になり、あなた自身の記憶に残ります。さらに、他者に味わいを伝える際の共通の言語になります。これ

テイスティングの魅力とポイント

①
ゴールは、眼の前にあるワインを誤解なく他人に伝えること

テイスティングを身に付けることで、自分の思いを他人と共有できるようになります。ワインは液体のため、料理と比べると、その味わいを他人に伝えるのは難しいです。眼の前にあるワインを、誤解なく他人に伝えられることがゴールになります。

②
詩的な表現ではなく、共通の言語・言葉で伝える

特徴を、共通の言語・言葉によって伝えられるようになることが大切です。かつては美しい文言、詩的な表現がもてはやされていた時代もありましたが、現在では自分以外の人へどう伝えるかという役割のほうが重視されつつあります。

③
銘柄を当てることが主目的ではない

テイスティングというと、一般的にはワインの銘柄を当てるというイメージですが、それはソムリエコンテストなどの場面に限定されます。それも楽しく、醍醐味のひとつではあります。しかし当てることが主目的ではなく、他人に伝えるコミュニケーションツールとしてが主目的で、「当たる当たらないは副産物である」というのがワインの世界の共通認識です。

がテイスティングの本質で、銘柄を当てることが主目的ではないのです。

　テイスティングができるようになることで、ワインの味わいをよりフラットに判断できるようになります。その結果として、他人の評価や価格に流されることなく、ワインを楽しめることになります。

　そして、そのワインを飲んだことがない人にも、香りや味わいを味わわずに、どのようなワインなのかを想像してもらうことができるので、一種のコミュニケーションツールにもなります。

　あなたが美味しいと思ったワインはどのような言葉で表現することができるでしょうか？　どんなワインでも構いません。実際にワインを飲みながら、本書を読み進めていただくと、テイスティングへの理解がより深まっていくことでしょう。

2

ワイングラスの主な種類と選び方は？

国際規格のグラスのほか
ワインの種類や銘柄に応じて選ぼう

フルートグラス

シャンパーニュやスパークリングワイン用のグラスです。縦長で、注がれたときに下から上に上がるワインの泡を確かめたり愛でることができます。香りや味わいにフォーカスしたいときは一般的な白ワイングラスを使用することもあります。

国際規格のテイスティンググラス

最も小ぶりなサイズのグラスです。白ワインにも赤ワインにも使え、非常に汎用性が高いです。これからテイスティング用のワイングラスを購入するという人は、このグラスがおすすめです。

まずは国際規格のグラスや白ワイングラスがおすすめ

テイスティングをするときのグラスは、ワインの種類によっていくつかあります。

最も基本となるのが、国際規格のテイスティンググラスです。一番小ぶりのグラスになり、白ワインにも赤ワインにも使えます。非常に汎用性が高いので、まずはこのグラスを買うといいでしょう。

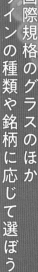

また、最初にテイスティンググラス以外にワイングラスを購入したいという場合には、大ぶりの白ワイングラスを選ぶのをおすすめします。

大ぶりの白ワイングラスがひとつあると、赤ワインや白ワインなどの一般的な価格帯のものから、高級ワインやシャンパーニュ

赤ワイングラス（ボルドーグラス）

横にも縦にも広いグラスです。ボルドー地方のワインや、アメリカやオーストラリアのカベルネ・ソーヴィニョンなど、香りが強くて華やかなワインを、香りをためて楽しむようにこのような形になっています。

赤ワイングラス（ブルゴーニュグラス）

横に広がって香りを楽しめるようになっているグラスです。ブルゴーニュや、ネッビオーロというイタリアのピエモンテ州のワインなど、非常に繊細で香りが立ってくるようなワインに向いています。

白ワイングラス

下がふっくらとしていて上がすぼまっているこの形のグラスは、どのワインにも対応しています。一般的にはこのグラスのことを白ワイングラスと呼びます。大ぶりの白ワイングラスなら赤ワインなども楽しめます。

まで楽しめます。見た目も映えるでしょう。

赤ワイングラスは、主にブルゴーニュグラスとボルドーグラスの2種類があります。ブルゴーニュグラスは底の部分が横に広がり、繊細で香りが立っているワインに向いています。

ボルドーグラスは、横にも縦にも広い形が特徴的で、香りをためて楽しむことができます。ブドウがよく熟して香りも強い、色合いが濃いワインに適しています。

他には、シャンパーニュやスパークリングワイン用のフルートグラスもあります。

近年だとロゼワインやオレンジワイン、グリワインなどさまざまなワインがあり、どんなグラスが合うかわからないという人もいると思います。

これらのワインは味わいで考えますと、白ワイン寄りの赤ワインになりますので、白ワイングラスがあれば楽しめます。専用のグラスを用意しなくても大丈夫です。

3

テイスティングの道具は？

基本はソムリエナイフとワインクーラーでOK
後は必要に応じて揃えていこう

ワインクーラー

白ワインを飲む場合、冷えていた方が美味しいので、ワインクーラーに入れます。氷を入れてワインを冷やしながら、温度管理をします。温度が高めのほうが美味しいワインの場合には中に氷だけを入れたり、もっと強めに冷やしたい場合には氷と水をたっぷり入れて急冷します。

初心者はまず何を揃えればいい？

初心者の方は、①国際規格のテイスティンググラス、②ソムリエナイフ、③白ワインをご家庭で楽しむときのためのワインクーラーを用意してください。この3つがあればテイスティングをはじめることができます。もっとワインを楽しみたくなったら、徐々にご自身のペースに合わせてご購入することをおすすめします。

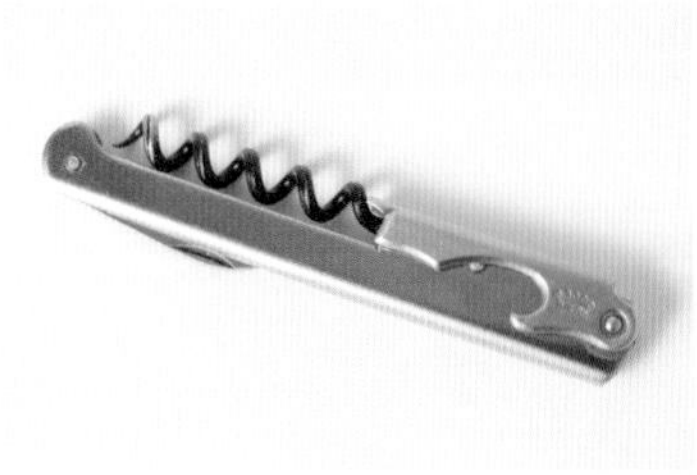

ソムリエナイフ

ワインを開けるときはソムリエナイフを使います。シングルとダブルのソムリエナイフがありますが、プロは基本的にシングルのソムリエナイフを使うことが多いです。

ボトル置き

ステンレスのボトル置きがひとつあると、テーブルの上の雰囲気がよくなります。ボトルやコルク、デキャンタなどを置いて写真を撮るのにも便利です。

パニエ

ワインを寝かせて抜栓する際に使う道具です。また、ボルドーやブルゴーニュのように熟成が進んだワインだと、澱が溜まる場合があるので、その澱を沈殿させながら注ぐことができます。

デキャンタ

ワインをデキャンタに移すことにより、ワインを空気に触れさせる、ワインの温度を上げる、澱を取り除くことができ、よりワインを適切にいただくことができます。

ブルータオル

業務用の長めのタオルで、青い線が入っているので、ブルータオルといいます。長くてグラスを拭きやすいので、ご家庭のタオルよりもおすすめです。

アンチオックス

ワイン専用の栓です。栓をするだけで酸素とワインが触れなくなるので便利です。

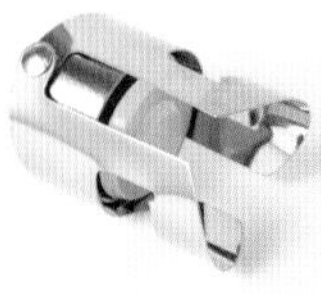

シャンパンストッパー

コルクが特殊な形をしているシャンパーニュ用のストッパーです。シャンパーニュはもともと炭酸ガスがワインに含まれ液面が酸素と触れることが少ないので、栓をするだけで酸化を防げます。

コラヴァン

機体に付いている針で、コルクを開けずに直接ワインを注げます。注いだ分のアルゴンガスを瓶のなかに吹き込み充満させることで、酸化させずに最後までワインを楽しめます。

ガススプレー

窒素とアルゴンガスの入ったガススプレーです。ワインが開いたボトルに噴霧をした後にコルクをすることにより、酸素と液面の間を窒素とアルゴンガスが遮断し、ワインをフレッシュな状態に保ちやすくなります（左が窒素＋アルゴン、右が窒素ガス）。

バキュバン

バキュバンはワイン専用の栓になります。ワインを開けた後に、酸素がワインに触れないようにバキュバンで空気を抜くことができます。

4

テイスティングの基本的なやり方は？

外観・香り・味わいの順番にテイスティングを行う

①グラスを持つ

ワインを注いだグラスを持ちます。

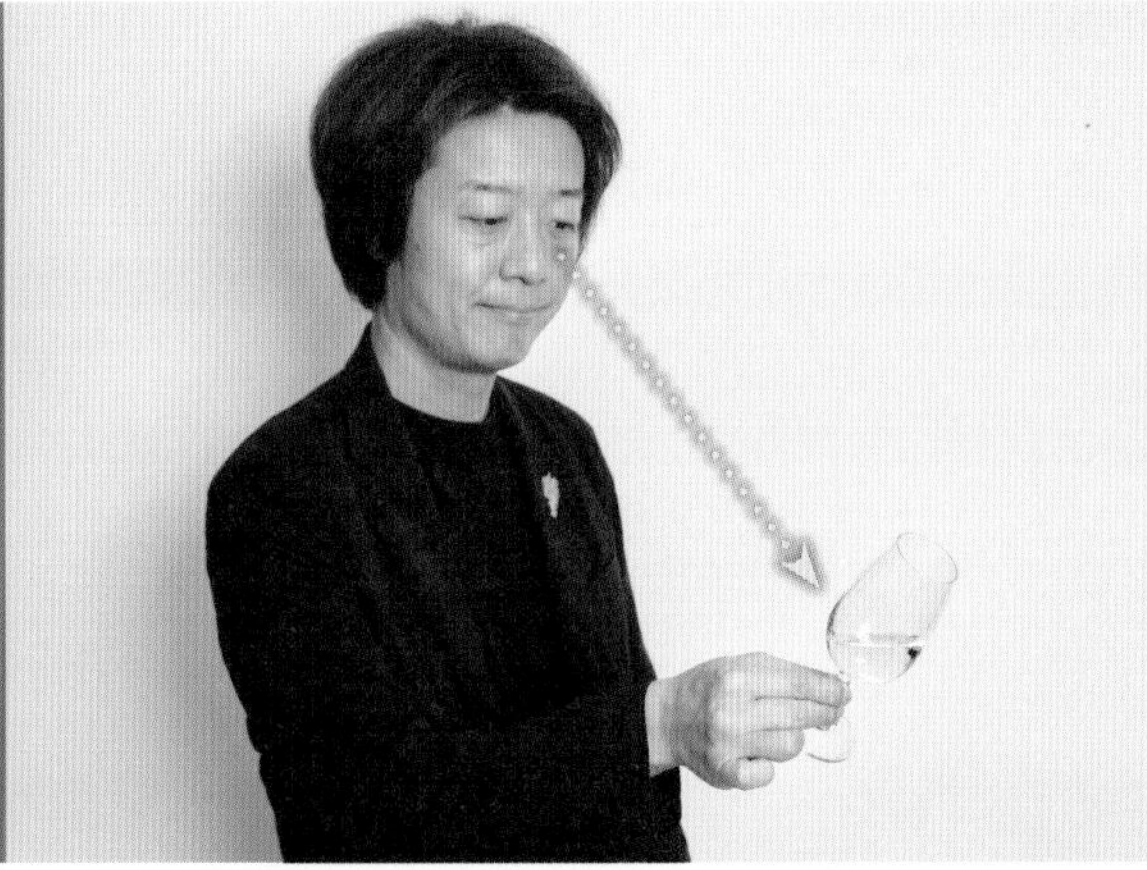

②外観を見る

グラスを斜めにすることによって、色合いのグラデーションが美しく見えます。また色調が判断しやすくなるメリットがあります。

他の飲み物よりも繊細に味わおう

テイスティングは、外観・香り・味わいの順番に行うのが基本です。

まず、ワイングラスを斜めにします。グラスのなかに入っているワインの色合いや色の強さ、輝きや透明度を見ます。

外観を見終わったら香りを嗅ぎます。香りを嗅ぐとき、少しずつグラスと鼻を近づけます。その際、グラスを回すことがありますが、そうすることで香りが立ってきます。

次に、口のなかにワインを含みます。口のなかで転がしてから飲み込むことがセオリーです。ワインは一度に大量に飲み込むと味わいが十分に楽しめません。他の飲み

③香りを嗅ぐ

写真のような角度にグラスを持ち、少しずつ鼻に近づけて、向こうから漂ってくる香りを鼻で感じとるようにします。

④口に含んで味わう

基本的に多くても大さじ一杯程度の量を口に含みます。口の各部分で転がしながら飲み込みます。

NG

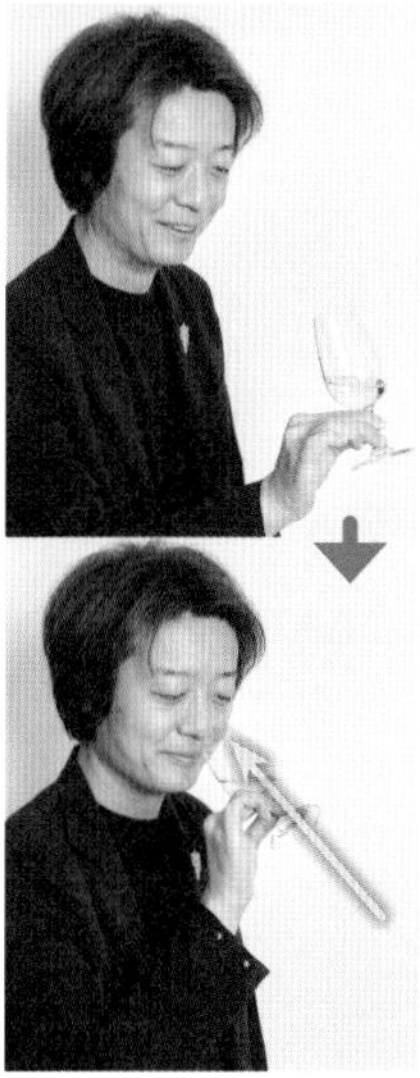

香りを嗅ぐときは、遠くから一気にグラスを近づけるのではなくて、少しずつグラスと鼻を近づけます。あまり急に近づけないようにしてください。

物よりも繊細に味わってください。

舌にある味蕾《みらい》は、以前は「塩味は舌の先端」など、味わいを感じる場所が異なるという説がありましたが、現在は、部位による差がありながらすべての味わいが同じように感じられるという説が強いです。舌全体を使って味わいましょう。

特に白ワインの場合は酸味、赤ワインは渋みに注目をして味わっていただくと、味わいがより分かりやすくなると思います。

ワインテイスティングというと、プロのソムリエが口に含んだあと、吐き出すイメージをもつ方もいると思います。プロの場合は一日に何十種類もテイスティングすることになるので、酔わないように口に含んで口の各部分で味わってからワインを吐き出すということもあります。しかし、通常テイスティングをする場合は、味わったあとに飲み込んでいただいて、最後までワインを楽しんでいただいて問題ありません。

外観のとらえ方・ポイントは？

外観をとらえるには、清澄度、発泡性、粘性、色調がポイント

①清澄度

清澄度とは、ワインが澄んでいるか、濁っているかということです。健康的なワインは澄んでいて、輝きがあります。濁っている、白濁しているのは不健康なワインである可能性があります。例外として、一部のナチュラルワインは繊細な造り方をしているために、白濁しているワインもありますが、一般的に流通しているワインは澄んでいて、輝いています。

外観と味わいをとらえることでワインの味わいを共有できる

ワインのテイスティングを行う際、外観と味わいが連動することがほとんどです。

外観と味わいが連動していないと、受け取る人が想像しにくく、ワインの味わいを共有できなくなるので、注意が必要です。

ここでは、外観で大事なポイントとなる、ワインの**①清澄度**、**②発泡性**、**③粘性**、**④色調**について説明します。

外観をしっかりとらえることによって、ワインの味や香りをとらえやすくなります。さらには、素材となったブドウの特徴や、熟成度を考える目安にもなりますので、しっかり押さえておきましょう。

②発泡性

スパークリングワイン（発泡性ワイン）は、炭酸ガスを多く含み、栓を開けると発泡するワインです。スティル・ワイン（発泡していないワイン）が、ビンのなかで微発泡することもあります。高級な発泡性ワインはワインの泡がきめ細かく、一筋の泡が見られます。発酵、熟成のために、手間と時間をかけた古典的な形式で造られたものが多いです。カジュアルなワインは泡が大ぶりで、泡が大きくなる傾向があります。スティルワインに炭酸ガスを加える方式で造られたタイプのワインもあります。

【スパークリングワインの種類】

・発泡性ワイン

炭酸ガスが3気圧以上。人気があるのは白ワインですが、ロゼも人気が上がっています。シャンパーニュ、スプマンテ、カヴァなど。

・弱発泡性ワイン

炭酸ガスが３気圧未満。ペティヤン、フリッツァンテなど。

③粘性

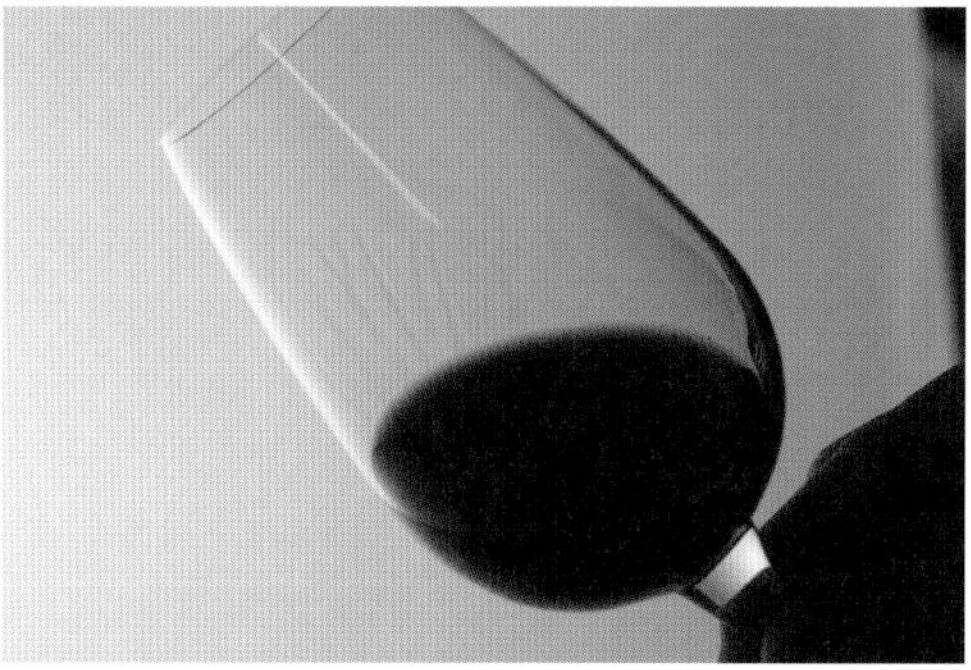

ワインの粘性とは粘り強さのことで、アルコール度数や糖度が関係しています。粘性は、ワインを入れたグラスを斜めに傾けた後、戻してみるとわかります。

・粘性が高いワイン

よく見ると、グラスの内側にワインがじっとりと残る場合があります。これは粘性が高いワインです。ワインの水以外のエキス成分などが影響していて、アルコール度数が高く、甘口ワインの場合は糖度が高いです。温暖な地域で造られた、よく熟したブドウで造られたのではないか、と考えられます。

・粘性が低いワイン

粘性が低いワインは、跡を残さずにサラリと引いていきます。粘性が低い場合は、アルコール分が少ないです。陽の光がさほど強くない寒冷な地域のブドウで造られ、酸味とのバランスが取れたさっぱりとしたワインになっているのでは、と考えられます。

ディスクを見る

ディスクを見ることも、参考になります。ディスクはワイングラスのふちの部分を見ると分かります。ワインをグラスに注ぐと、ワイングラスと接するふちの部分で、ワインの表面が小さく盛り上がっています。この盛り上がっている部分をディスクといいます。ディスクはアルコール度数が高ければ、盛り上がりが高くなり、度数が低いと、低くなります。

④色調

・色の強弱

一般的に飲みやすいワインや、さっぱりとした口当たりの白ワインは、色が薄くなりやすく、凝縮感のあるワインは色合いが強くなる傾向があります。色調が強いワインは、味わいも強いのではないかと想像できます。

・色調の基準

色調の基準は、赤ワイン、白ワインで分かれます。ポイントは①時系列、②日照などの環境によって変化することが多いです。

【白ワイン】　イエローが色調のポイント

・緑がかったイエロー

冷涼な地域が産地、もしくは早めに収穫したブドウで造られたワインと予想されます。ブドウが酸味を残しやすい傾向があり、ワインも酸味が基調になっていると想像されます。

・イエローの色調が強い緑

日照量の多い地域が産地と予想されます。高級ワインがまだ造られたばかりで、若いときによく見られる色調です。

・黄金色

日照量の多い地域、温暖で陽の光をたくさん浴びて、ブドウが完全に熟した状態で収穫されたと予想されます。ブルゴーニュの高級ワインが、収穫から5年くらい経つと見える色調です。ここから5年から10年で熟成のピークになることが多いです。

・琥珀色

貴腐ワインなどの場合は、熟成のピークに差し掛かることにより、琥珀色になることが多いです。琥珀色になることによって、甘口ワインの熟成はピークを迎えていることがわかります。

【赤ワイン】　黒が色調のポイント

・紫がかった明るいルビー色

よく見ると、グラスのフチの外側の部分にピンクがかった色も見えます。中心部は、まだ紫色が多く見えるので、このワインがまだ若いのだということを表しています。冷涼な地域が産地のワインでは、黒色は目立ちません。

・中心部分に黒の見える紫色

日照量が強く、かつ黒色が強いブドウから造られていると考えられます。一般的に流通しているボリュームゾーンのワインの色に近いです。カベルネ・ソーヴィニヨン、サンジョヴェーゼに多く見られる色です。

・やや黒味が見える赤

黒味がやや見えています。黒味が強いのは、天候の良い産地であることが予測できますが、ブドウ品種の特徴である可能性もあります。

・オレンジがかったレンガの色

熟成によって、オレンジやレンガの色が生じるようになります。熟成は出荷された後の瓶内熟成もありますが、瓶詰前の樽熟成もあります。

6 香りのとらえ方・ポイントは？

ワインから発せられる香りの分類や外観との連動からとらえる

香りの分類

第一アロマ

第一アロマは、ワインの素材となるブドウが由来の香りを指します。フルーツ、花、スパイスの香りが主体になります。比較的若いワインに多く感じられる香りで、赤ワインにも白ワインにも感じられます。

第二アロマ

発酵によって生じる香りを指します。キャンディや花のような香りがあります。第二アロマを最も感じるのは、できたてのワインの香りを楽しむボジョレヌーボーです。

・白ワイン
フルーツキャンディ、白い花

・赤ワイン
赤い花や、フルーツキャンディ

第三アロマ

長い年月をかけて樽や瓶で熟成させることによって生じる香り、瓶詰前の熟成、瓶詰後の熟成によって生じる香りなど、熟成によって変化した複雑な香りのことを指します。第三アロマは「ブーケ」ともいい、グラスを軽く回すとたちのぼります。

誰もがイメージしやすい香りの表現を目指そう

香りはワインのテイスティングで一番の花形と言えますが、自分にしかわからないキーワードや、ワインを深く勉強した人でないとわからないような言葉を羅列するのは避けましょう。

できる限り、誰でもイメージがしやすいキーワードを選ぶようにして、相手の理解度に合わせて言葉を選びます。香りの伝え方はここが非常に重要です。

例えば、ワインにあまり詳しくない人に、「なめしがわの香り」、「森の下草の香り」と説明しても、普通はわかりません。

このような表現は、どのような香りかが伝わらないため、他のキーワードを用いる

外観と香りの連動

【白ワイン】

緑がかった
レモンイエロー

冷涼な地域で生産されたブドウが原料として使われていて、アルコール度数が高くない、酸味が強めのさっぱりとした味わいと想像できます。色調が強くないので、香りは、淡い色合いのフルーツで表現します。柑橘系のフルーツ、ハーブの中でもセルフィーユなどの穏やかな香りのハーブにたとえられます。ミネラルの風味が出て、貝殻や石灰のような香りと表現されることも多いです。

黄金色
がかった
イエロー

陽の光をたくさん浴びて、成熟したブドウから造られたと想像できます。アルコール度数が高めで酸味が控えめな、リッチな味わいだと想像できます。色合いが強い場合は、香りは濃いフルーツで表現することが多いです。黄桃、リンゴ（ゴールデンデリシャス）など。色の変化が少し進むと、トロピカルフルーツなどで表現されます。白ワインでも、温暖なエリアでは、スパイスの香りも生じやすくなるのが特徴です。

【赤ワイン】

明るい
赤

冷涼なエリアで栽培されたブドウが原料として使われている、繊細な赤ワインではないかと想像できます。色合いが明るく、紫やピンクの色調が見られるので、フルーツも赤やピンク色の木苺、イチゴなどで表現します。

黒みがかった
赤

渋味が強くて、飲みごたえがある味わいと想像できます。香りは、赤系のフルーツ、ダークチェリー、カシス、ブラックベリーなどで表現します。

か、あるいはそのキーワードは省いてしまうのかを相手の理解度に合わせてどう選ぶのかが一番気を使うところです。

ワインから発せられる香りは大きく3種類に分類されます。もともとブドウ自体が持つ香り、醸造プロセスに由来する香り、そして熟成によって生まれる香りです。これらの異なるアロマを感じることができ、ワインの複雑さを理解する手助けになります。

また、香りと外観は連動していて、外観によって、ある程度そこからおのずと香りも推定できるようになっています。

外観がフレッシュなのに香りが複雑で熟成が進んだワインというのは違和感があります。例えば白ワインの場合は、緑がかったイエローというと、淡い色合いのフルーツの香りと表現し、黄金色がかったというと、色合いが強く、濃いフルーツの香りと表現することが多くなります。

香りの分類図鑑

ワインの香りは、赤ワインならカシスやラズベリーなど、白ワインならライムやレモンなどさまざまなものに例えられます。ここではその一部を紹介します。

かんきつ類

レモン、グレープフルーツなどのかんきつ類のフルーツは冷涼なエリアの白ワインの表現によく用いられます。冷涼なエリアのソーヴィニョンブランなどは特にかんきつ類の香りが出やすいとされますが、現在は強いかんきつ類の香りのするワインは少ない傾向があります。

洋ナシ

木なりの果物の香りで、日本の梨がみずみずしくシャリシャリしているのに対して洋ナシはねっとりして甘味が際立つ印象があります。ワインでの表現では、やや温暖なエリアでのシャルドネに多く用いられます。

白桃

木なりの果物の香りで、ワインの表現では洋ナシと同じレベルか、もう少し成熟度の高いブドウから造られる白ワインの表現に用いられます。

花梨

木なりの果物で、やや温暖なエリアの白ワインに用いられます。黄金色がかった白ワインによく見られる香りで、遅摘みなどの甘口ワインの表現にも用いられます。

アプリコット

木なりの果物で、温暖なエリアの白ワインに多く用いられる表現です。白桃で表現するワインよりも黄金色の強いワインに使われます。

パイナップル

トロピカルフルーツの一種で、白ワインでは最も温暖で黄金色の強い白ワインに用いられることが多いです。実際のワインライフではパイナップルで表現するほどの黄金色の強い白ワインは少ないので、これを用いる場合はかなりのレアケースでしょう。

ゴールデンデリシャス

日本では栽培量は少ないですが、欧州では最も主要なリンゴになります。甘味が強く、フランスでは国内生産量の3分の1を占めるほど人気があります。ワインの表現では温暖なエリアの白ワインに用いられますが、国内のソムリエはあまり用いないようです。

スターフルーツ

横断面が星形をしているところから、スターフルーツと呼ばれている果物で、熱帯から亜熱帯にかけて栽培されています。ワインの表現では、温暖なエリアでも特に黄金色の強い白ワインに用いられます。実際に使われるのはよほどの黄金色が強い場合になります。

ヴァニラ

主に樽熟成をさせたワインの表現に用いられます。オーク樽で熟成されたワインは、樽の風味がワインに付着し、これがヴァニラの香りの由来となります。かつては強いヴァニラの香りは高級ワインにも採用され評価が高かったですが、現在では果実の香りとのバランスをとったワインのほうが多い印象です。

バター

特に高級な白ワインに用いられる香りの表現で、樽熟成をさせたワインに多く感じ取れます。ムルソーなどのブルゴーニュの白ワインに顕著に見られ、若いうちはバターの印象だったワインが、熟成をすることで、モカやカフェオレの香りに変化することがあります。

アニス

アニスはせり科の一年草で、香料や薬草として用いられていました。香りの成分はアネトールで、よく比較されるスパイスに八角がありますが、アニスと植物学上は関係がありません。白ワインのなかでも一部のワインに用いられますが、汎用的ではありません。

すいかずら

もともとは「吸い葛」の意味で、筒状の花に蜜を含み、砂糖がなかった時代は重宝されていました。ワインの表現では、冷涼～中間のエリアの白ワインに多く用いられ、爽やかで華やかな印象の表現に使われます。

アカシア

アカシアは、主に黄色い花を咲かせ、温暖なエリアで栽培されています。ワインのテイスティングにおいては、広範なエリアの白ワインの表現に用いられます。すいかずらよりも成熟した印象に使われます。

キンモクセイ

庭園や街路樹に栽培され、秋にオレンジ色の花をつけ、独特の甘味を連想させる香りを放ちます。白ワインでも、温暖なエリアや甘口ワインなどの黄金色の強いワインの表現に用いられます。

ミント

ユーラシア大陸原産のハーブで、爽快な冷涼感のある風味が特徴です。ソーヴィニョンブランのワインに多く用いられていた表現ですが、現在でははっきりとしたわかりやすいミントの香りは少なくなる傾向にあります。

花の蜜

花の香りがさらに良く熟した印象の白ワインに用いられる表現です。はちみつになるとより濃縮したはっきりとしたわかりやすい蜜の印象の表現に用いられます。

イチゴ

赤系果物で、ワインの表現では明るい色調で、若々しい赤ワインに多く用いられます。若いピノ・ノワールやマスカット・ベーリーAなど。

キイチゴ

赤系果物で、果実は小さな粒が集まったような形状をしています。イチゴと同様に明るい色調の赤ワインに用いられ、イチゴに比べてやや冷涼なエリアのワインの表現に使われることが多いです。

ブルーベリー

北アメリカ原産の青色をした果物で、果実は生食にも加工にも広く用いられます。ワインの表現では、やや温暖なエリアの赤ワインに多く用いられる果物で、ミディアムボディの赤ワインの表現に多く用いられます。

カシス

カシスはフランス語で、英語ではブラックカラント、日本語ではクロスグリとなります。黒に近い紫色の小さな果物で、ワインの表現では温暖なエリアで栽培された濃縮感のある赤ワインに用いられます。

ブラックベリー

アメリカの中部原産で、キイチゴのように小さな粒状の集まりのような形状の黒色をした果物です。ワインの表現では、温暖で濃縮感のある赤ワインに用いられますが、実際にブラックベリーをかじると予想外に甘味よりも酸味が強い印象です。

カカオ

カカオはチョコレートやココアの原料で、ワインテイスティングでは主に、赤ワインでも強い樽熟成の香りに用いられる表現です。ニューワールドのワインは樽の印象が強いワインが多いですが、現在は強すぎる樽の香りは避けられる傾向にあるようです。

黒胡椒

世界中の熱帯域で栽培されるスパイスで、黒胡椒は完熟前の緑色の状態で収穫され、天日干しで乾燥され、黒色になります。特に温暖なエリアの赤ワインに見られますが、わかりやすいほどの香りではなく、多くあるスパイスのうちのひとつに黒胡椒の香りがある、というイメージです。

紅茶

紅茶の葉のことで、主に上質で繊細な赤ワインに用いられる表現です。特にピノノワールの表現に多く用いられ、若いワインから熟成のピークのワインにまで幅広く使われます。

ナツメグ

ハンバーグに必ずと言っていいほど用いられるスパイスで、赤ワインでも幅広いエリアのワインに多く用いられる表現です。

干しイチジク

イチジクを干した状態を指していて、熟成された赤ワインに用いられることが多いです。特に熟成を経たリオハやバローロなどのワインに使われます。

ユーカリ

オーストラリアで広く分布する樹木で、コアラの食物としても知られています。ワインの表現では濃い色調のなかにも清涼感を感じる赤ワインに用いられ、特にオーストラリアのシラーズやカベルネ・ソーヴィニョンに多く表現されます。

すみれ

白から深い紫色をした花で、赤ワインのなかでも特に幅広いワインに用いられる表現です。優しい香りの花で冷涼なエリアから温暖なエリアのワインにみられる香りです。

牡丹

牡丹は中国原産で、花は観賞用に、根は薬用にも用いられます。比較的温暖なエリアの赤ワインに広く用いられるキーワードです。

ドライハーブ

特定のハーブではなく、複数のハーブを乾燥させた香りを連想させる漠然とした香りの表現です。主に南イタリアなどの温暖なエリアの赤ワインに用いられますが、濃い色の赤ワインに幅広く用いられる傾向があります。

ジビエ

ジビエは狩猟によって食材として捕獲された野生の鳥獣をさします。鹿やイノシシ、野鴨や雉などをさします。野生の鳥獣らしい複雑で深みのある風味で、これを連想させる香りに用いられます。熟成した赤ワインに多く用いられる表現です。

7 味わいのとらえ方・ポイントは？

アタックや果実味など味わいのポイントを理解しよう

味わいのとらえ方の例

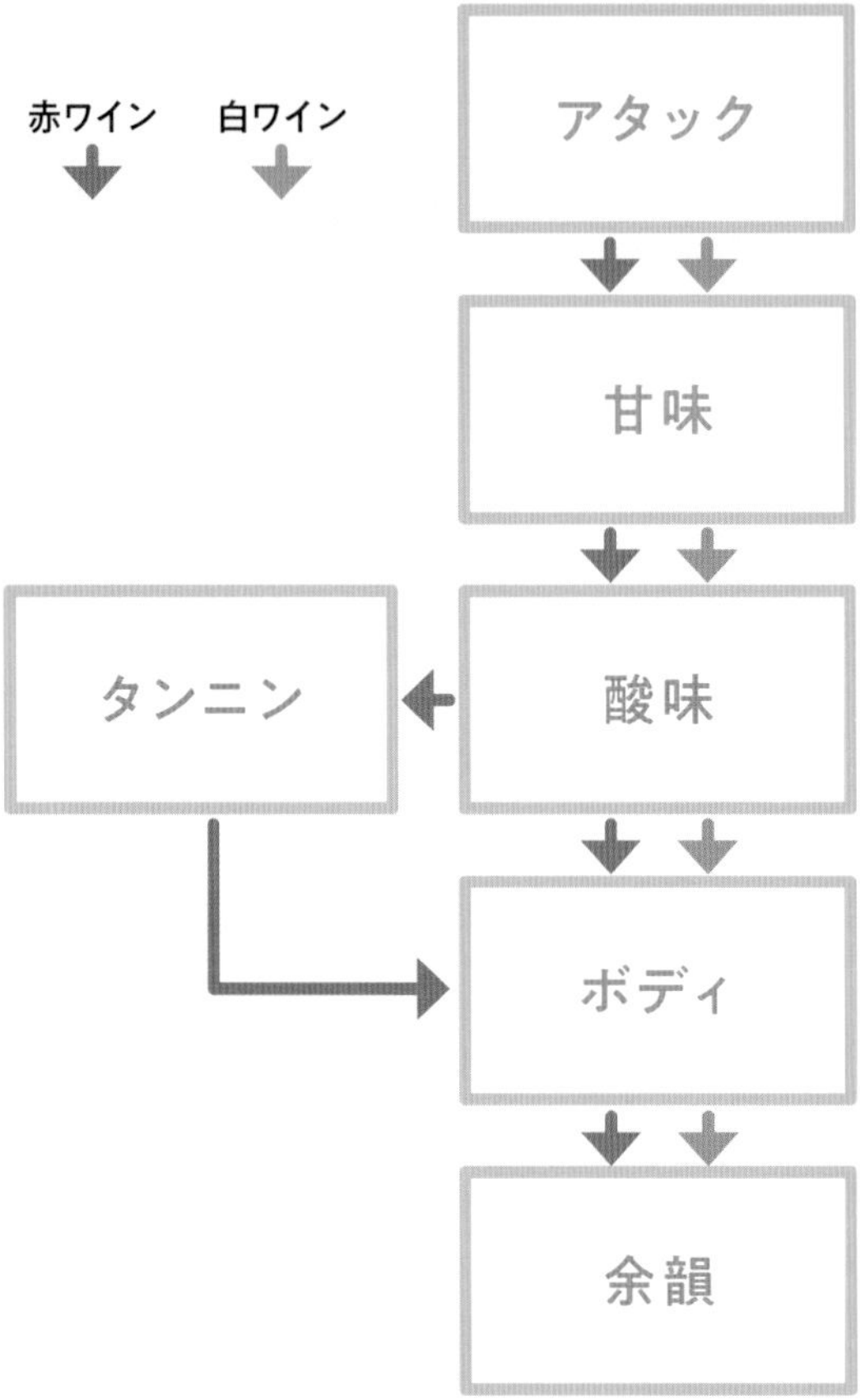

総論をとらえてから各論に入る

ワインを最初にとらえるときに、まず、味わいの総論をとらえられるかが大事です。受け取る側も総論を最初に知ることによって、その後の各論が理解しやすくなります。

テイスティングを学習すると、渋味などの個別な味わいにフォーカスをしがちです。他者にワインの味わいを伝えるとき、渋味や酸味などは各論になるので、総論にはなりません。

総論として、まずは甘口なのか辛口なのか、フルボディかライトボディか、飲みやすいのか、飲みごたえがあるのかなど、まずはここをしっかりとらえてから、各論に入るようにしましょう。

①アタック

アタックは、ワインを口に含んだ第一印象のことです。口に含み、強い印象のときは「アタックが強い」、穏やかな場合は「アタックが控えめ」と表現します。アタックは、粘着性と連動していることが多いです。

- アルコール度数が高い、凝縮している
  ＝アタックが強い
- あじわいがさっぱりとした印象
  ＝アタックが控えめ

②果実味

ワインを飲んだときに感じる、果実をかじったかのようなフルーティーさを指します。果実味が控えめなワインによっては、乾いた味わいに映ることも。反対に果実味が強く、酸味とのバランスがいいと、潤った印象になります。甘味が少し残っていて、酸味がさわやかで残っていると、果実味を感じることが多くなります。糖分の甘味と混同されることが多いので、注意しましょう。

【果実味が強いワイン】
ACブルゴーニュピノワール
ロワールのカベルネ・フラン
マスカット・ベーリーA　など

③酸味

酸味は白ワインで特に重要です。酸味が強いか、弱いか。するどいか、やわらかいか、丸いのかで表現します。酸味はブドウ品種の個性が強く影響しますが、成熟度を表していることも多く、成熟度が高いと酸味が弱く、逆の場合は酸味が残りやすい傾向にあります。酸味によって、ブドウの産地をある程度、推測することができます。ただし同じ銘柄のワインであっても、温暖な場所で収穫したブドウで造ったワインは酸味が控えめでも、そのエリアのなかで冷涼な場所を選ぶなどで酸味を残すワインもあるので、注意しましょう。

【代表的な銘柄】
シャブリ
ガヴィ
コトー・シャンプノワ
アルザス・リースリング
ミュスカデなど

④タンニン

赤ワインには、ブドウの皮の渋味成分のタンニンが多く含まれています。その量を渋味で判断します。渋味が強いということは、皮の割合が高いブドウ、つまり小粒で陽の光をたくさん浴びた産地と想像されます。逆に、渋みが弱いとなると、冷涼なエリアで育ったブドウだと想像されます。例えば、フランスのブルゴーニュ北部のワインのピノノワールのような場合は、繊細でかわいらしいワインに仕上がることが多いです。南の陽の光をたくさん浴びたブドウは、よく成熟するので、色や渋味が強く含まれる傾向があります。

【タンニンの質による品種分け】

タンニンが強い/豊かな品種
カベルネ・ソーヴィニョン シラー（シラーズ） ネッビオーロ など

タンニンが弱い/控えめな品種
ピノ・ノワール ガメイ マスカット・ベーリーA など

⑤ボディ

ボディは、基本的にアルコール、渋味、酸味がそれぞれ凝縮しているかを表します。フルボディ、ミディアムボディ、ライトボディの3つに分類します。以前はフルボディが好まれていましたが、近年はライトボディも注目されつつあります。ワインの世界において、フルボディやライトボディというのはトレンドがあって、例えば2000年ころであれば生産者も消費者も「フルボディであればあるだけいい」というトレンドがあった時代もありました。一部の評論家が凝縮したワインにフォーカスしたためにおこったトレンドですが、トレンドには必ず修正や自律反発が入ります。その後に少しずつ行き過ぎた凝縮感には批判的な声も目立つようになり、「凝縮感だけでなく、もっとブドウ本来の味わいが感じられる方がいい」という流れが起き始めます。そのため現代では、ブドウ本来の風味を生かしたエレガントな仕上がりの味わいのほうが評価をされる傾向にあります。

・フルボディ

アルコール高く、渋味、酸味がしっかり残っています。

【フルボディのワイン】

カリフォルニアのカベルネ・ソーヴィニョン
オーストラリアシラーズ
ジンファンデル

・ライトボディ

アルコール低め、渋味、酸味が穏やかな味わいで、飲みやすいです。

【ライトボディのワイン】

カジュアルな価格のピノワール
カベルネフラン
マスカット・ベーリーA

⑥複雑さ

ワインの複雑さとは、瓶熟成や樽熟成など時の経過によって生まれます。熟成が進むと、皮の香り、木や腐葉土、白ワインならモカ、トリュフなどの香りが生まれてきます。複雑さは基本的には時系列によって生まれ、高まり、そして減退期を迎えるという流れになります。基本的に若いワインにはフレッシュさやパワフルさはあっても、複雑さは持ち合わせていないことが多いです。高級ワインには確かにリリースしたてのワインですでに複雑さがあることもありますが、それであってもリリース前に樽熟成や瓶熟成を経ていますので、先天的にフレッシュなブドウが複雑さを持ち合わせるということは基本的にはありません。熟成をすることによって徐々に複雑さが生まれ、味わいや香りの諸要素が混然一体になると、熟成を経ることによって見事に昇華をしたワインに表現される「フィネス」という言葉を用います。

・複雑な場合

高級ワインに多いです。熟成させて楽しむことを前提にしているものが多いので、複雑さが増していく傾向があります。

【複雑さを楽しむワイン】

熟成が進んだボルドー、ブルゴーニュ、ソーテルヌ
リオハなど
ブルネッロディモンタルチーノ

・さっぱり爽やかな場合

飲みやすさを楽しんだほうがいいワインです。

【フレッシュさを楽しむワイン】

ヴィーニョ・ヴェルデ
ブルゴーニュ・アリゴテ
ガヴィ
リアス・バイシャス

⑦バランス

ワインのバランスとは、そのワインの果実味、酸味、甘味がどのようなバランスになっているのかを指します。赤ワインならば、果実味、酸味、渋味がどのようなバランスになっているのかが問われています。よく「バランスがいいワイン」といわれますが、バランスが良いワインは、本来は渋味や果実味、酸味がまとまっているという意味ですが、もう一歩踏み込みますと、普段の会話では「飲みやすいワイン」という意味も含まれていることも多いです。渋味と果実味、酸味がまとまっていれば確かに飲みやすくてバランスよく感じることもありますが、ワインの世界では「飲みやすい」は決してポジティブな言葉にはとらえられませんので、念のため押さえておきましょう。バランスが整っているかということと、おいしいかは別の問題になります。渋味が突出しているワインだとしたら、それもそのワインの個性で、決してネガティブなものではありません。ワインは、煎じ詰めれば生産者が造ってくれたものを楽しむことしかできませんので、目の前にあるワインに味を加えるなど、変更をすることはできません。そのため、仮に自身の好みに比べて渋味が突出している、酸味が穏やかだ、という場合であっても、それがワインの個性ですし、「じゃあこの個性をどう楽しむか」が重要になってきます。

・果実味より酸味が勝っているワイン

極辛口。冷涼なエリアで収穫されているブドウを使ったワイン。さっぱりとした料理に合わせて造られていることが多いです。

・果実味が勝っているワイン

温暖なエリアでよく熟した状態で収穫されたブドウを使用していると想像されます。ただし近年は温暖なエリアであっても、そのなかで気温の低い場所や、標高の高い場所を選んだり、収穫時期を早めるなどをして爽快な印象のワインに仕上げることも多いです。栽培や醸造の技術が発達することで、産地の場所に加えて「どう造られたか」がより重要になってきています。

・果実味より、渋味が勝っているワイン

全体に乾いた印象に仕上がっています。反対なら、潤った印象に仕上がりやすいです。乾いた印象のワインとは、わかりやすいのが渋味が突出したネッビオーロ種のワインでしょう。熟成が進むと果実味がおちつくことによって、より一層ネッビオーロ種の渋味が際立ちます。渋味の強さが際立った結果、乾いた印象を受けることになります。もちろんこれもワインの個性です。

⑧余韻

飲んだ後に残る余韻の長さは、伝統的にワインの価格や格が影響されるといわれています。一般的に、余韻が長いと熟成された高級なワインで、カジュアルなワインは飲みやすさが重要なので、余韻が短い傾向にあります。初心者にとって、テイスティングで余韻をとらえるのはむずかしいので、余韻が長いと高級、短いとカジュアルくらいのとらえかたで問題ありません。せっかくのイベントのときに飲むなら、印象に残るように長いものを飲むのもいいですが、余韻の長さにこだわらなくても十分に楽しめます。余韻についてはワインの格や価格が影響するといいましたが、踏み込んでみれば、ワインの格や価格は人が決めたものなので、本来のワインの価値とは関係がありません。追求してテイスティングをすると、必ずしも余韻の長い短いが価格や格付けと一致しないことも多く、また、余韻についてはある程度の目安の長さはありますが、だからといってはっきりと誰にでも一致するような「何秒」と言い切れるものでもありません。そのため余韻についてはざっくりととらえるようにして、決して価格や格付けにとらわれないようにするのがポイントになります。

【余韻の目安】

①短め	3~4秒
②中程度	5~6秒
③やや長め	7~8秒
④長め	9秒

ワインの種類ごとのコツ

ワインの種類によって注目する点が異なる

白ワインはここを見る!

・濃淡・色合い
色と濃さを見ます。ここからさまざまなことを推測することができます。
・ディスク
液面の厚みを見ます。厚いと粘性が強く、薄いと粘性が弱いワインです。
・発泡性
ワイングラスの内側に気泡がついているかどうかを見ます。
・清澄度
清澄度は、あるか、ないか、強いか、弱いかを見ます。そのワインが健全かどうかがわかります。

色調（緑がかっているのか、ゴールドかかっているのか）、色の強さ（色が強いのか淡いのか）を見ることによって、大体の味が想像できます。基本的に緑がかっている色調の場合は、さわやかでさっぱりとしていて、酸味が基調のワインが多いです。ゴールドが強いと、アルコールが強くて、リッチなワインと想像できます。樽の印象も大事なポイントです。ブルゴーニュの高級ワインになると、樽熟成をさせて、複雑さを与えるワインが多いです。樽で熟成させることで、樽の風味が付くことになるので、それに負けないブドウの風味があるワインが求められます。

赤ワインはここを見る！

・エッジ
液のフチの部分の色を見ます。ここでも熟成度や品種の特徴、醸造の影響などが判断できます。

・濃淡
濃さを見ます。グラスを傾けてその下にターゲットを置き、そのターゲットがどのくらい見えるかで濃淡を判断しやすくなります。

・色合い
紫がかった赤なのか、オレンジがかった赤なのか。その色合いから熟成度や品種の特徴、醸造の影響などをつかみます。

・粘性
ワインの粘性を見るために、グラスの内側を流れる筋を見ます。この筋を脚（レッグス）や涙（ラルム）と呼びます。

基本的に味わいの凝縮感と、渋味の状態が重要になってきます。凝縮感からブドウの成熟度を測れます。ワインの産地をある程度想像することができます。渋味の強さ、緻密さで、ワインの価格をある程度測ることができます。

スパークリングワインはここを見る！

・泡
泡の状態の繊細さや勢い、連続して一本の泡が立っているかなどを見ます。

泡の状態が重要になります。高級なシャンパーニュは、長期の熟成を経ているので、泡はきめ細かく液中に溶け込んでいます。そして下から上に連続して、一本の泡が立ち上がっています。リーズナブルなスパークリングワインの場合、熟成期間が短いので、その泡は大ぶりで勢いがあります。繊細さよりは、勢いのある泡になります。

9 テイスティングのトレーニング

「なぜ好きなのか」を言葉であらわす トレーニングを続けると自分の好みがわかる

①最初は自分の好みを知ること

0を1にする作業として、まずはいろいろなワインを試してみましょう。そのなかで自分の好みを知りましょう。

テイスティングの第一歩は 自分が好きなワインの特徴を探ること

テイスティングのトレーニングとして、まず大切なのは、いろいろなワインを飲んでみることです。ワインの銘柄や産地などを知識として知っていても、実際に味わってみないと、どんなワインなのかはわかりません。味わってみたうえで、自分の好みを知ることが大事です。

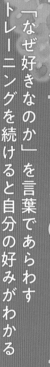

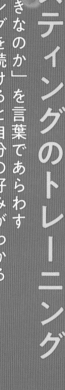

そして、自分が好きだと思ったワインについて、どのようなワインなのか、酸味が特徴のワインなのか、渋味が強いのか穏やかなのか、など特徴を探っていきましょう。

好きなワインの特徴をとらえたら、それを他の人に伝えてみましょう。例えば「私は、渋味が強めのワインが好きだ」と具体

②比較してどちらが好きか言葉で表現する

別のワインと比較することで、そのワインの特徴や魅力がわかってくるものです。どちらが好きか、どんなところが良いのかを言葉で表現してみましょう。最初のうちは、言葉選びは稚拙でもかまいません。それが初心者の自然な形です。体裁は気にしないで、まずは言葉にして可視化してみましょう。

③どういう環境か、造り方などを想像する

味わいや香りだけでなく、造られた環境や造り方も想像することで、より深くワインを表現することができます。もっとも、造り方がわかるようになったのであれば、あなたはすでに初心者ではありません。プロであっても造り方までをはっきりと推測できる人は珍しいです。

的に伝えることが、テイスティングの第一歩です。

実際にいろいろなワインを試してみたら、比較してみましょう。「今回飲んだワインは、以前に飲んだワインよりも渋味がこうだった」などと比較をすることによって、表現の経験値が増えていきます。

味わいや香りなどとともに、産地や醸造方法などの情報からどういう環境で育ち、どのように造られたかなど想像することも、表現の幅を拡げることにつながります。

ちなみに、42ページでも詳しく解説しますが、テイスティングをしたときのコメントをノートや、パソコンなどに文字ベースで記録していくと、言葉にする訓練になります。くり返し文字に残すことによって、テイスティング能力は飛躍的に向上します。

10 ブラインド・テイスティング

そもそもブラインド・テイスティングとは?
どのワインかわからない状態でワインの特徴をつかみ、探ること

ワインの外観、香り、味わいがヒント 自分の好みが明確になるメリットも

ブラインド・テイスティングとは、どのワインかがわからない状態で、目の前にあるワインの外観、香り、味わいを探り、最終的には銘柄を推測して当てるテイスティングのことです。当たっているかどうかを意識しがちですが、プロのソムリエでも、100%当てられる人は聞いたことがありません。

当たると嬉しいものですが、当てっこゲームばかりが一人歩きをしないように注意しましょう。ブラインド・テイスティングは事前に銘柄の情報がないなかで行うので、ワインそのものの持つ品質に集中してテイスティングできるというメリットがありま

ブラインド・テイスティングのやり方

ボトルを布などで隠す
↓
外観を確認する
↓
香りを確認する
↓
味わいを確認する

す。

銘柄の情報がないなかでテイスティングをすることで、先入観にとらわれずにワインと向き合うことができます。どんなワインなのか見えていると、価格や銘柄などに左右されるので、どうしても意識してテイスティングしてしまいます。

わからなければ、特徴をもとに探るしかなく、わかっている状態よりも、探る楽しみが格段に上がります。

また、ワインとフラットに向き合えた結果、価格に左右されずに、自分のワインの好みがわかります。

デメリットは、一人で準備をしてブラインド・テイスティングすることが極めて難しいことです。ワインスクールや、ワイン会などでブラインド・テイスティングをする機会があれば、積極的に参加しましょう。

11

テイスティングのメモ

写真で記録するのもよいけれども ワインの味わいを言葉にしてとどめておく

テイスティングノートに記録する項目

・どちらが好きなのか、ワインを比較する
・なぜ好きなのか理由を考える
・産地の気候、地形、歴史、どういう環境で育ったかを想像する
・どのように造られたか、造り方を考える
・どういう言葉で表現すれば、第三者に伝わるか

ワインを飲んだ記録だけではない 自分のテイスティング能力の記録にもなる

ワインの味わいは感覚的なものなので、飲んだときに感じた味わいは時が経つほど曖昧になっていきます。記録としてワインの写真を撮って残すのもよいのですが、言葉に残しておくことによって、ワインの味わいをいつまでもとどめておくことができます。これはテイスティングをメモに残す最大のメリットになります。

ただし、メモはそのときのテイスティング能力が如実に反映されることになります。後々見直したときに、過去の自分の表現が、稚拙だと感じたりすることもあります。

しかし、それもワインテイスティングの成長にとって大切なことなので、楽しめる

テクニカルシートの役割

フルーリー　レ　モリエ

※小さな画像をクリックすると、大きな画像が切り替わります。

フルーリーの最良の畑“モリエ”
力強さと優美さがあります

畑名の「レ　モリエ」とは、桑の木を意味します。かつてこの地域は、絹織物の産地でした。1本当たり8房の葡萄が実るように制限しています。収穫量は45hL/haです。醸しは9日間です。マロラクティック発酵は大樽で行います。60年の古い大樽50%、コンクリートタンク50%で12ヶ月熟成させます。きれいな明るさをもった赤色、あふれるチェリーやラズベリーの香りと果実味があります。後味にイチゴジャムの様な品の良い甘さが感じられます。

Data

商品コード：	F077
商品名：	Fleurie Les Moriers
生産者名：	ドメーヌ　シニャール
ヴィンテージ：	2018年
在庫状況：	×
希望小売価格（税抜）：	3,600円
容量：	750ml
色：	赤
飲み口：	ミディアムボディ
葡萄品種：	ガメイ
アルコール度数：	13
国：	フランス
生産地域1：	ボージョレ
生産地域2：	フルーリー
熟成：	古い大樽で熟成
ヴィンテージ情報：	「ワインスペクテーター　2020.12.31-2021.1.15」91点、「ラ　ルヴュ　ド　ヴァン　ド　フランス655 2021.11」92点、「ル　ギド　デ　メイユール　ヴァン　ド　フランス2022」92点
JANコード：	4935919040778

例えば、熟成なら、その熟成がステンレスタンクなのか、樽なのか。樽であるのならば、その材質や産地、樽が新しいのか古いのか。これによっても、ワインの味わいは全く変わってきます。醸造ならば、どういう発酵を経ているのか、発酵期間、発酵温度、使用する酵母など、これらがわかることによって、ソムリエは安心してワインを購入することができます。経験を積んだソムリエであれば、テクニカルシートを読むだけである程度の品質をとらえることができますが、これは相当の経験が必要になります。

ようにしたいですね。私はいつ、何を飲んだのかをメモに残しています。「このときにこれを飲んだな」という思い出になります。テイスティングの技術が向上したあとに自分の成長を振り返ることができるという楽しみもあります。

ワインの情報が記載されているものに、テクニカルシートがあります。基本的にプロが用いるものですが、例えば、インポーターがそのワインをカタログに記載して紹介をする際に使います。シートを使うことによって、よりワインの味わいが伝わりやすくなります。ブドウの栽培方法や収穫した状態、ワインの醸造、熟成などについて細かく記載することにより、そこから購入する側が、逆算してワインの味わいを想像しやすくすることが目的です。一般的には、テクニカルシートから味わいを想像することは難しいので、参考程度にとどめておいてください。

12 ホスト・テイスティングのやり方は？

ホストとなる人がワインの状態を調べること
難しいコメントを求められているわけではない

ワインの好みを聞かれているわけではない 確認して、そっとうなずけばＯＫ

ホスト・テイスティングは、高級レストランなどでテイスティングをするときに行われます。

ワインをボトルで注文すると、まずソムリエはお客様に、銘柄が注文したものと同じかどうか確認をします。

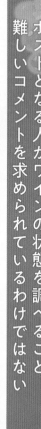

その後に、ソムリエがワインの抜栓をして、そのワインが悪い状態でないかを確認します。これは「ソムリエ・テイスティング」といいます。

その後に、ホスト（複数のお客様でいらっしゃった場合の、招く側のお客様）に、少量のワインを注ぎます。このワインをホストが味見することを、「ホスト・テイス

ホストテイスティングの流れ

①注文した銘柄と同じか確認
↓
②ソムリエがワインを抜栓する
↓
③ソムリエ・テイスティング
↓
④ホスト・テイスティング

Column

ソムリエになりたての頃の失敗

思い出話になりますが、ソムリエになりたての頃、お客様にキャンティ・クラシコリゼルバを提供したときに、何度テイスティングしても、お客様に「だめ」と言われたことがありました。

後々気づいたのですが、これは、ワインの状態が悪かったのではなく、ワインが冷えすぎていたためでした。温度が低いことで、味わいは大きく変わってきます。

これによって魅力を感じなかったお客様は、提供されたワインに対していつまでも「イエス」と言わなかったのです。

お客様からすると、そのワインの魅力が感じられなかった以上は、当然受け入れることができませんので、今から考えると当たり前なことですが、当時はなんていじわるなお客様と感じたものです。

しかし、今思えば、それほどホスト・テイスティングというのはお客様にとって大切なものだったということがわかります。それ以来、ワインの状態はもちろん、味わいのささいな変化にも注意するようになりました。

ティング」といいます。

ここでは、ホストに対してワインの好みを問われているわけではなく、そのワインの状態がいいかどうか、欠陥がなく問題がないかどうかを確認しています。通常は、口に合わないからという理由では、変更ができません（変更できる場合もあります）。

最初のうちは、ソムリエに対して、無理をして美しい言葉でそのワインを表現しようとしても、うまくいきません。

それよりも、ソムリエのほうを向いて、静かにうなずくだけで伝わります。

私は現役のソムリエ時代に、自分を大きく見せようとすることが一番自分を小さく見せてしまうということをお客様のホスト・テイスティングから教えていただきました。大事な場面でかんでしまったり、うまく言えなかったりしてしまうなど、失敗するお客様をたくさん見てきたので、ここでは無難にうなずくことをおすすめします。

Column

生産地を訪ね、一次情報を手に入れよう

僕はWBSというオンライン最大級のワインスクールを運営していて、そこで多くの方にソムリエ試験、ワインエキスパート試験の受験指導をしています。

WBSでは真剣にワインを学ぼうという方が多いのですが、ワインを学んで3年ほどするとどうしてもマンネリ化というか、同じことを繰り返しているような気になってしまう人は多いものです。

それはそうでしょう。ワインを学習して3年もすればある程度の情報には触れていますし、知識や経験も満足の行くところまで到達する人が多いはずです。

そういうときにこそ訪れていただきたいのが生産地です。日本であればお近くのワイナリーに行ってもいいですし、ヨーロッパであればブルゴーニュが密接しているのでわかりやすいです。

畑を歩くとおそらくこれまで学習していたイメージと違うことが多いことに気付くはずです。僕はボルドー五大シャトーを訪ねたとき（116ページのコラム参照）に、グラーヴ地区は砂利質土壌、メドック地区は粘土質だとおぼえていたので、てっきり二つにははっきりとした棲み分けがあるのかと思っていました。

しかし、実際には二つの土壌とも表土には違いはなく、むしろ小石は畑ごとにまちまちなんだというのがわかったのです。学習を続けていくとしても、教科書からの学習であれば、結局は教科書に書かれていることを学ぶわけですから二次情報どまりです。

ただし、これを自分の足で歩き、風を感じ、そこに住む人の表情を見ることでこれまでの学習は一次情報になります。ここまで読んでくれたあなたであれば、きっと一次情報でワインを伝えられるようになります。

Part 2

テイスティングのためのワインの扱い方

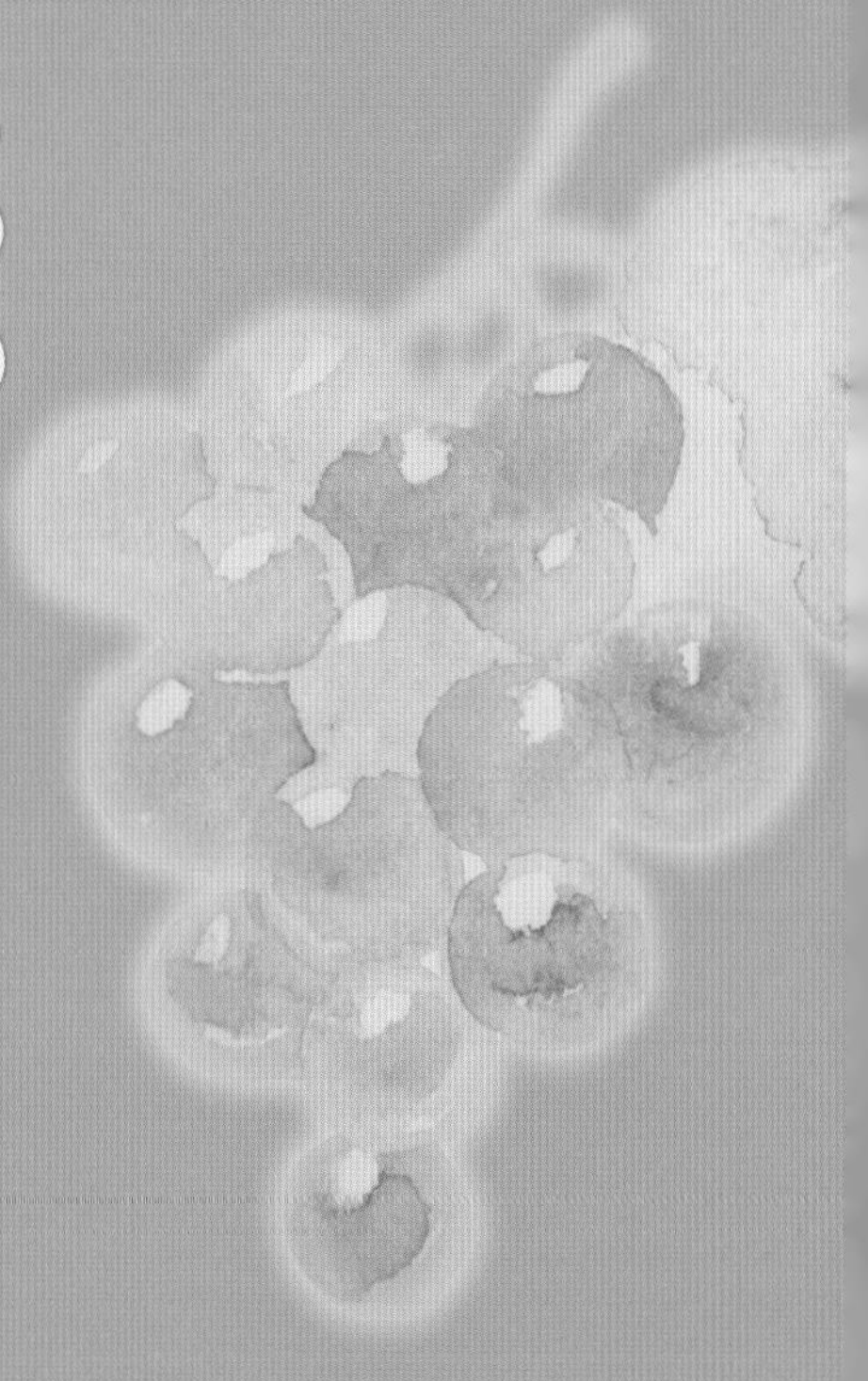

ワインの注ぎ方

若いワインは空気に触れるように注ぎ
熟成ワインは香りのバランスが崩れないように注ぐ

①基本的な注ぎ方

ボトルを持って、グラスの口から2～3cmくらい離して静かに注ぎます。

ワインの性質によって注ぎ方が変わる

ボトルの持ち方は、ボトルの形、中身となるワインによって変わります。実際の扱いのしやすさや、見た目の良さ、手の温度をなるべくボトルに伝えないなどの意味合いでも持ち方は変わります。

右利きの方の場合はボトルを右手で持ち、ワイングラスに注ぎます。左利きの方は左手で持っていただいて問題ありません。

また、注ぐ位置はグラスの一番膨らんでいる位置まで注ぐのが良いとされています。グラスが大ぶりな場合は、膨らみのトップよりも下であっても問題ありません。

そのほかの持ち方

そのほかにも、ワインの種類やワインを注ぐソムリエによって、さまざまな持ち方があります。

②未熟な若いワインの場合

若いワインは空気に触れた方が美味しく味わえることも多いです。そのような場合には10cmくらい離して、糸のように落としてワイングラスに注ぎます。

③熟成したワインの場合

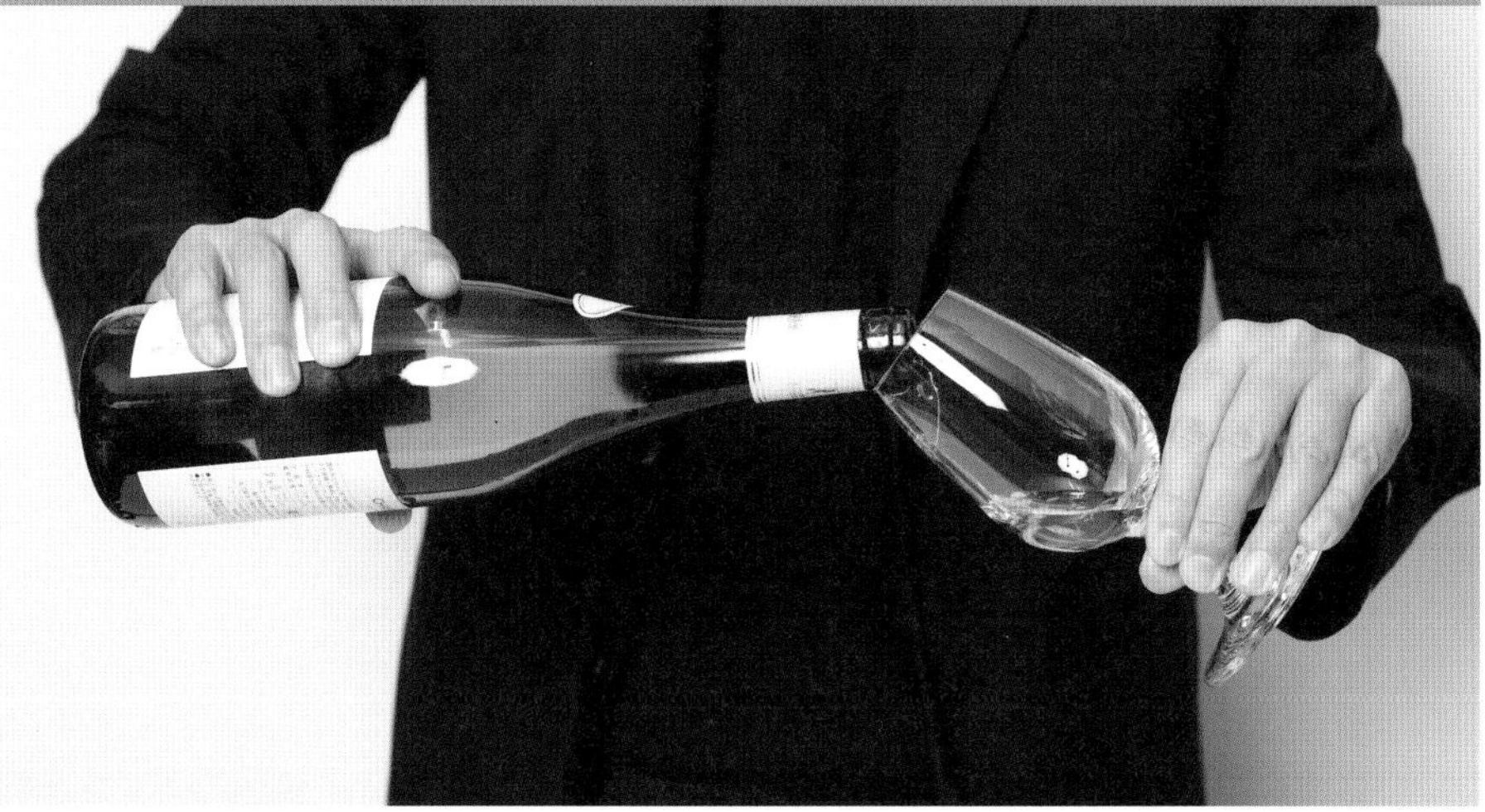

熟成が進んでいてデリケートなワインは、なるべく空気に触れないようにします。長い時間空気に触れてしまうと、最初の香りを嗅ぐ前にバランスが崩れてしまう可能性があるからです。できる限り空気に触れないようにゆっくりとグラスに注いで、最初のひと嗅ぎに集中して香りを嗅ぎます。

14

ワイングラスの正しい持ち方、回し方

三本の指でグラスの脚を支えるように持つのが基本

グラスの持ち方

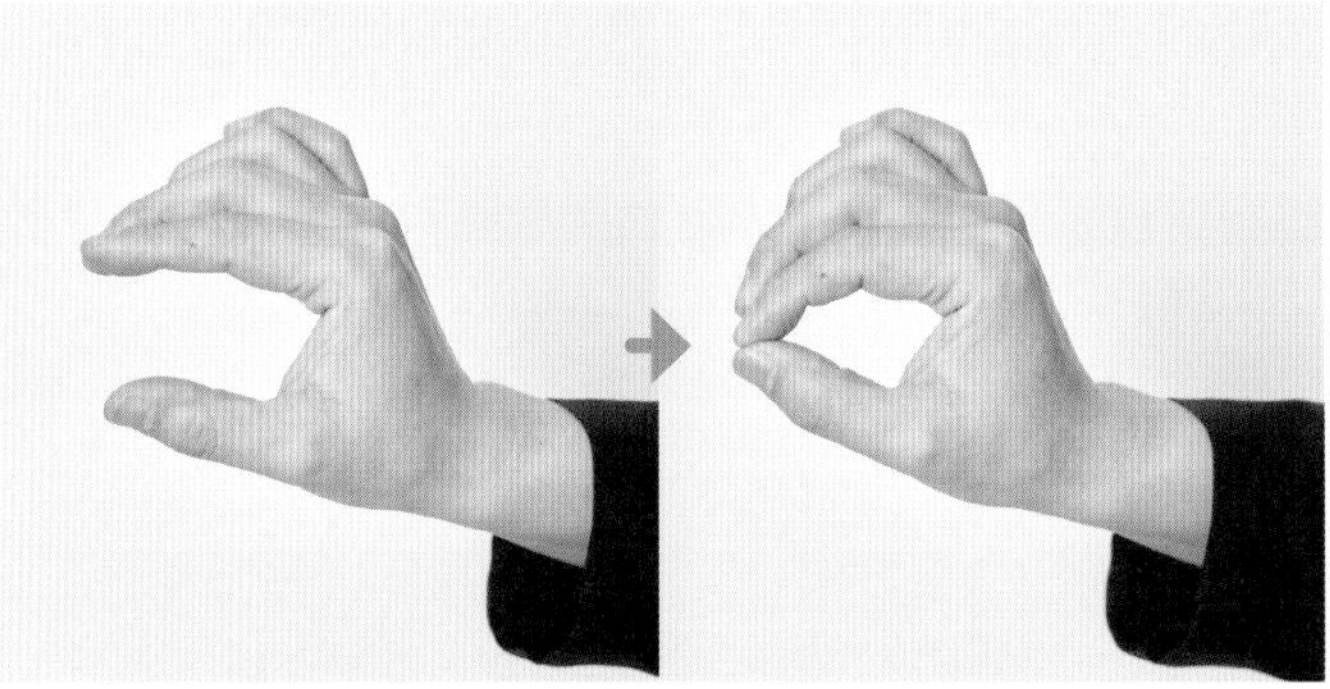

脚（ステム）の部分を持ちます。親指・人差し指・中指の三本の指で脚を支えるようにします。

ワイングラスに香りを溜めて楽しもう

ワイングラスは、ボウルの部分を持つと指紋がつきやすく、手の温かさがワインに影響するため、ステム（脚）を持ちます。

ただし立食パーティーのときや大きいグラスを持つ場合は、こぼさないか不安になると思います。その場合は周りの雰囲気を見て、ボウルを持っても問題もありません。

注がれたワインは回すことで空気に触れて香りが変化します。回し方は、右利きの人は反時計回り、左利きの人は時計回りがよいです。外側から自分の方にと覚えましょう。スパークリングワインなどは回さない方がいいので、注意しましょう。

グラスの回し方

最初はテーブルに置いて回すようにします。右利きの人は反時計回り、左利きの人は時計回りが回しやすいです。

慣れてきたら、空中で回してみましょう。

スーパーボールを使った練習方法

水平に回せるように、百均で販売されているようなスーパーボールなどをグラスのなかに入れて落とさないように水平に回す練習をすると、よい練習になります。

状況によってボウルの部分を持ってもOK

ボウルの部分を持つと指紋がつきやすいので、基本的にはステム（脚）を持ちましょう。立食パーティーなどで不安定なときは、ボウルを持っても大丈夫です。

15 ワインの開け方

ソムリエナイフでキャップシールを取りコルク栓をきれいに引き抜く方法を紹介

ソムリエナイフを持つときは、エッジが（刃）が親指を向くように持ち、人差し指、中指、薬指、小指でハンドルを握ります。

※ソムリエナイフ

シングルアクション（1段式）と、ダブルアクション（2段式）があります。初心者は、フックが2段階のダブルの方がおすすめです。

引き上げるときの向きがポイント
ソムリエナイフの使い方を詳しく説明

ここでは、一般的なキャップシールがアルミ素材の例を紹介します。アルミのほか、蝋などいろいろな素材があります。

まず、ナイフを使って、キャップシールを取ります。

次は、スクリューをコルク栓に入れます。コルクの真ん中にスクリューの先端を刺します。最初の何回かは力を入れながら押し入れます。その後はハンドル部分を回すだけでコルクに入っていきます。

今度はフックを瓶の口にかけて、テコの原理を使い、コルク栓を引きます。この時に大事なのが力を抜く向きです。最後は手で静かにコルクを引き抜きます。

②ナイフの先端の部分を使って、縦に一本の線を入れます。

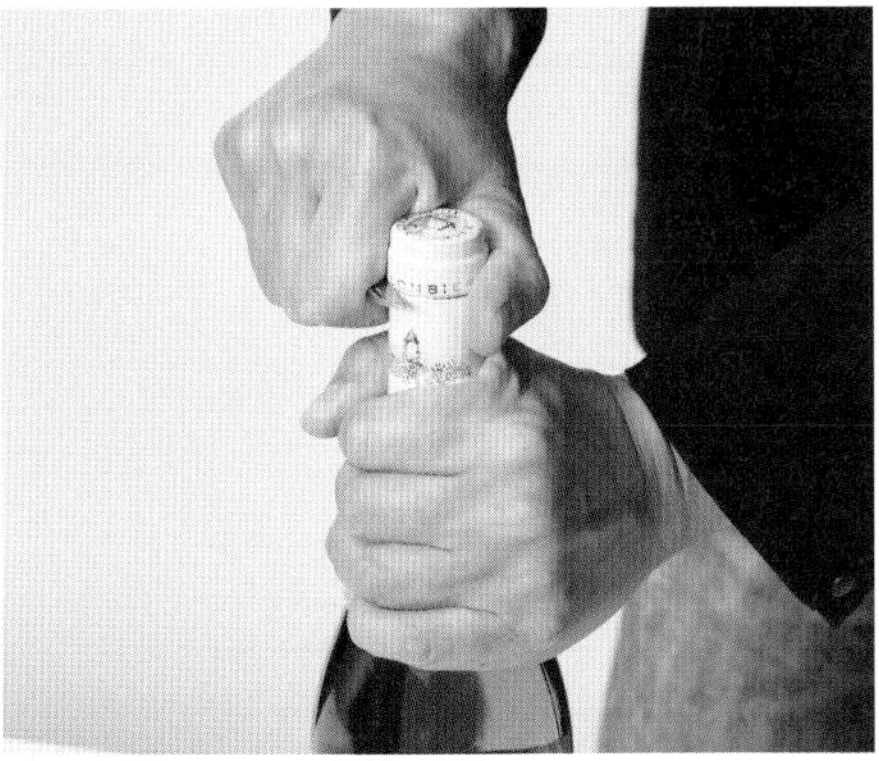

①瓶に対して垂直に、出っ張り部分の下に刃を当てて、1周させます。

④上に向かってキャップシールをめくります。

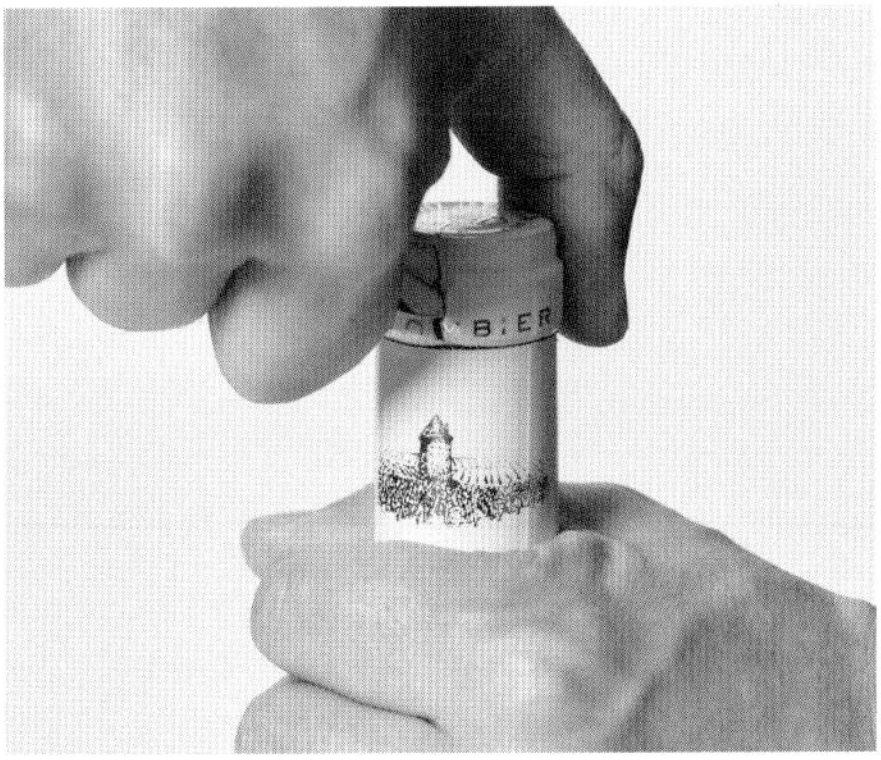

③②で線を入れたところに、ナイフの先を入れます。

⑥スクリューは、上から見たときにコルクの中心となる位置に刺します。

⑤めくっていくと、キャップシールはこのように簡単に取れます。

⑦最初の何回かは力を入れながら押し入れます。強引に最後まで入れ、貫通させないように注意。

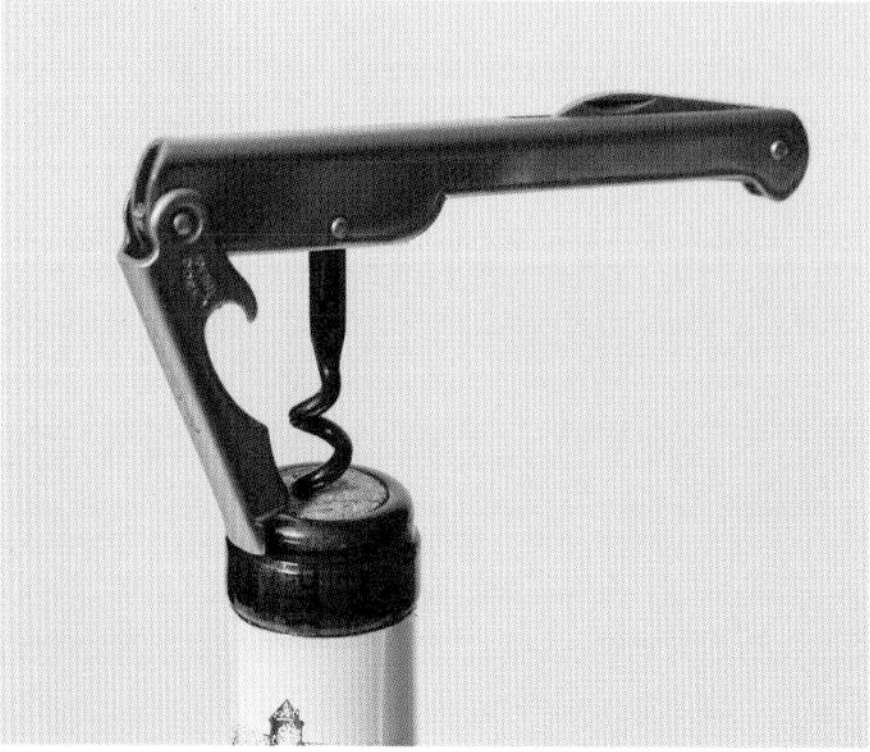

⑧後は力を入れなくても、ハンドル部分をくるくると回すだけで入っていきます。フックを瓶の口に引っ掛けます。

⑨左手でフックを押さえて、右手でハンドルを持ちます。

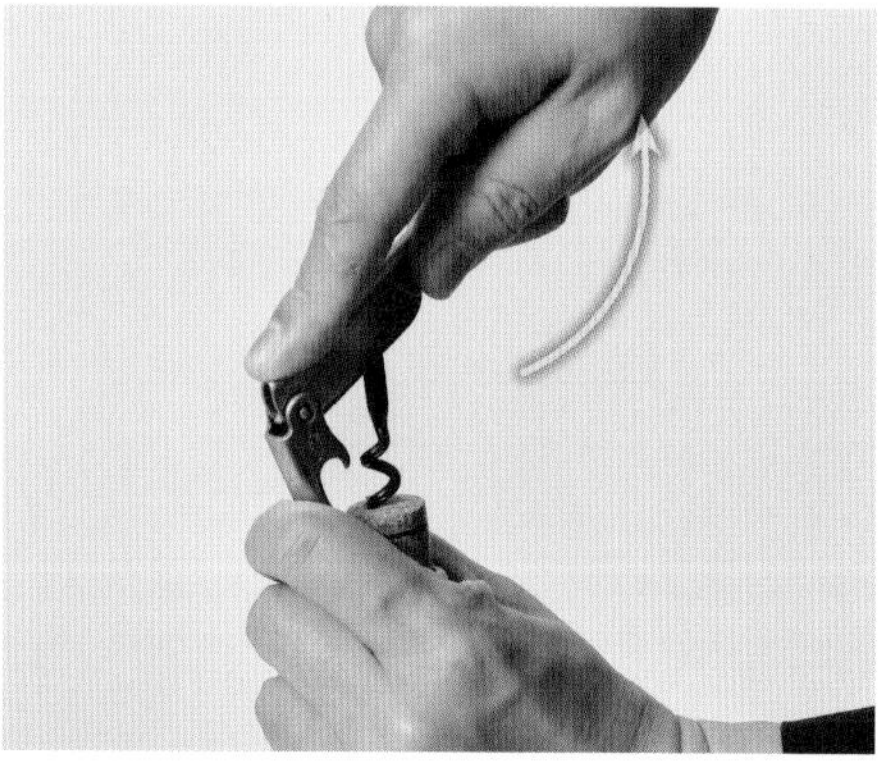

⑩手前側に引き抜くイメージで、テコの原理でコルクを引き抜きます。

NG

体と反対側に向けて引き抜くと、曲がって力がかかり、コルクが抜けなくなってしまいます。無理に開けようとして何度もくり返すうちにコルクがボロボロになり、ワインに落ちてしまうと、ワインの風味を損ねてしまうので注意しましょう。

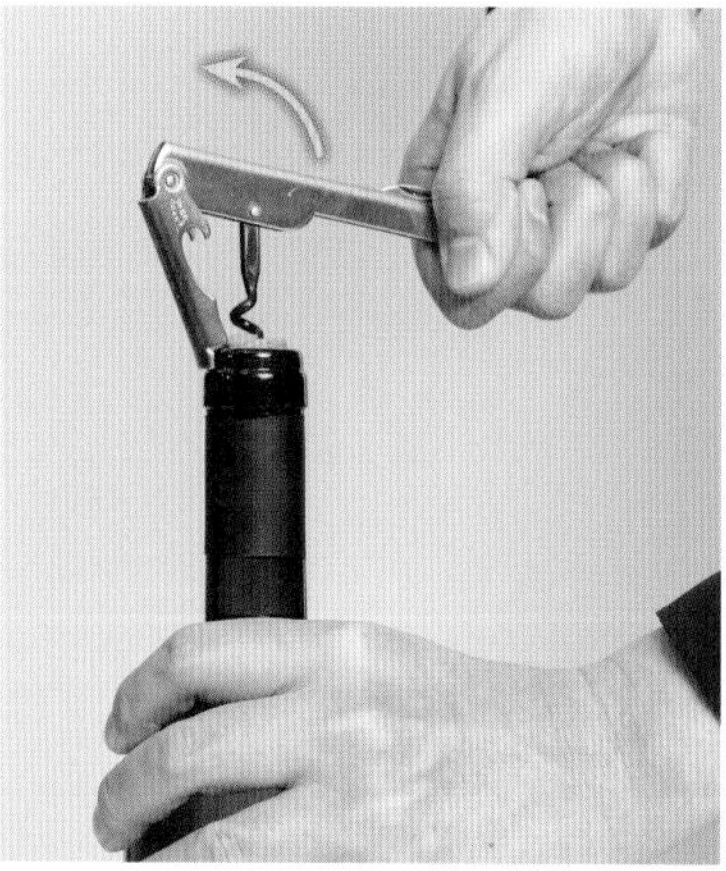

⑫力を手前側に引きながら、
一気に上に引き抜きます。

⑪2～3cmほど引き抜いたら、
持ち方を変えます。

⑬引っ掛けていたフックの
部分を外します。

⑭手でコルクを覆って外し、
静かに空気を抜きます。

うまくコルクが抜けるようになると、コルクが割れたり、折れたりせずにきれいに抜けます。抜き終わったコルクは、ワインが残ってしまった場合には栓として使えます。コレクションや思い出として残しておく方もいます。

16 デキャンタージュの仕方

熟成したワインは澱を取り除くために。未熟なワインは香りを引き出す効果がある

①ワインセラーでは瓶を横にしてワインを保存するため、澱は下の部分に溜まっています。この澱をなるべく舞わさせないように、静かにパニエに瓶を移します。パニエにワインの瓶を入れたまま抜栓します。ソムリエナイフを使って、キャップシールの横を2回転させて、切れ込みを入れます。

②写真のように、きれいな切れ込みを入れられるかがソムリエの腕になります。

③縦に1本切れ込みを入れたら、そこから剥がすようにしてキャップシールを取ります。

ライトの光を当てて静かにデキャンタージュをする

ワインをデキャンタ（15ページ参照）に移す作業のことを、デキャンタージュといいます。目的は3つあります。

①澱を取り除く

熟成したワインは、澱が瓶の底に残っているため、澱を瓶に残して、ワインの上澄みをいただきます。

②空気に接触させる

未熟な若いワインの香りを引き出します。また、空気に触れると酸化がうながされ、味がまろやかに変化します。

③温度を上げる

冷やし過ぎたワインの温度を上げたい時に有効です。

④コークスクリューをコルクの真ん中に刺し、回転させながら押し入れます。

⑤コークスクリューをテコの部分を使って引き抜きます。最後はコルクを手で覆うように持ち替え、プスッと空気を抜くようにしてコルクを抜きます。

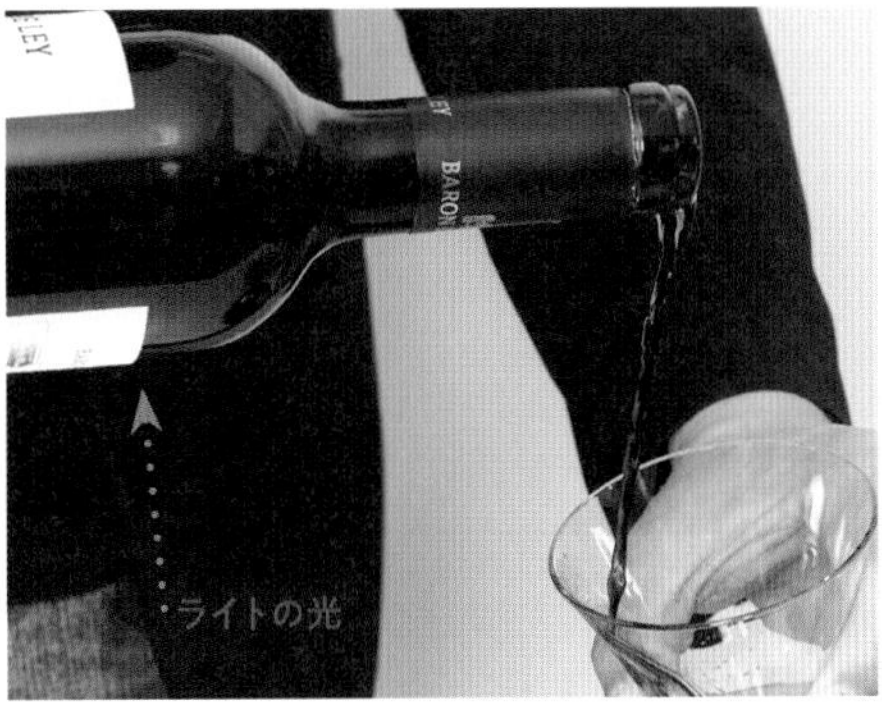

⑥ライトを下に置き、光が当たるようにします。澱が下に溜まっている場合があるので、ライトを瓶の肩の部分に当てると澱の流れが見えます。

⑦澱の流れを確認しながら、静かにデキャンタに移します。

⑧今回は澱がなかったので、すべてをデキャンタに移しました。デキャンタの種類に細長いタイプがあります。主に、熟成したワインの澱を取り除く場合に使います。また、アラジンの壺のような底が広がっているタイプもあります。空気に触れる面積が増えるので、空気に触れた方がいいワインはこちらを使います。

17

グラスの洗い方

ワイングラスを長く使い続けるために
洗うときも丁寧に扱おう

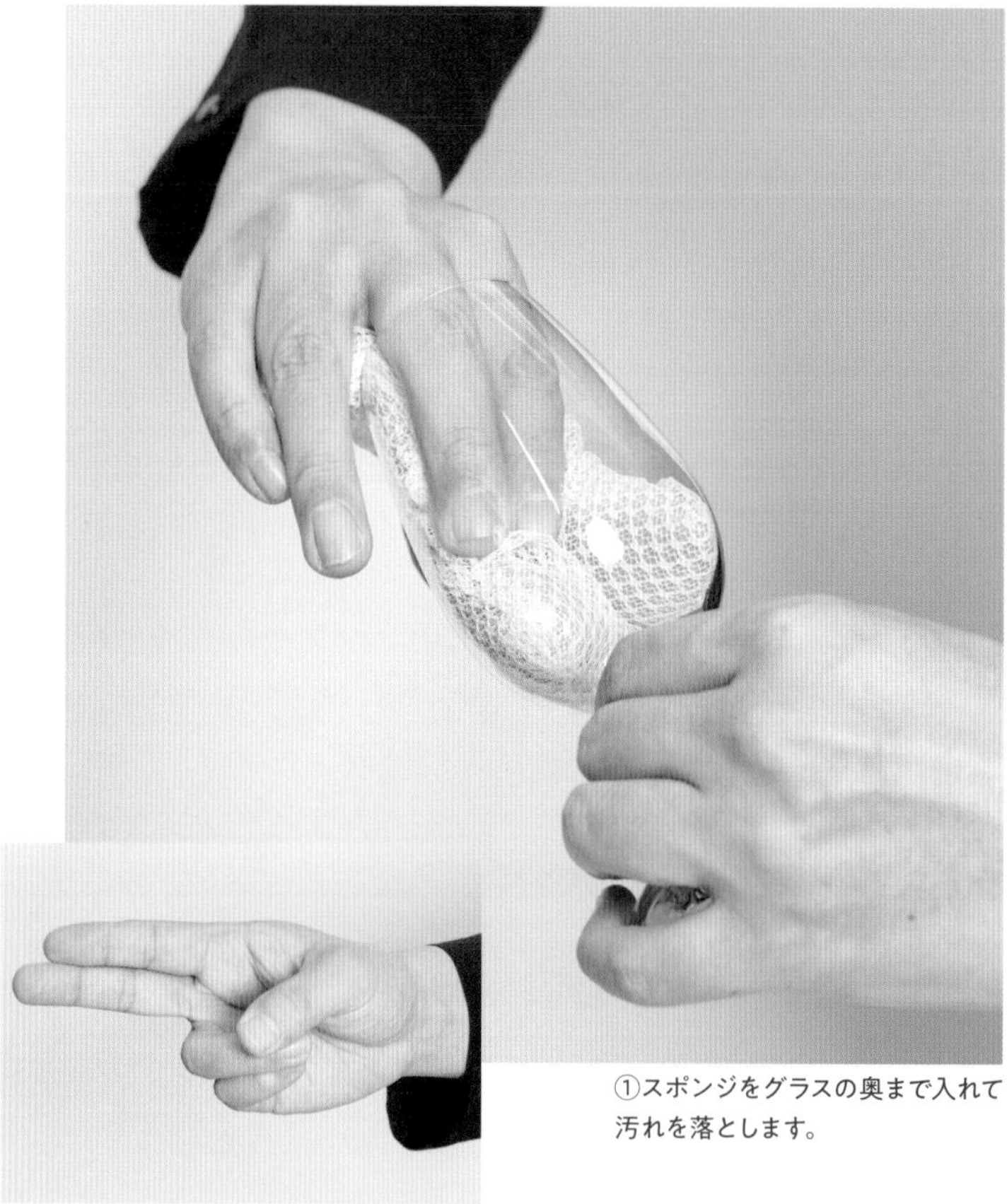

①スポンジをグラスの奥まで入れて汚れを落とします。

手の形は人差し指と中指の2本指と親指でグラスを挟むようにします。

柔らかく平らなスポンジを使いぬるま湯で洗い流す

グラスを洗うときは柔らかくて平らなスポンジを使い、ぬるま湯で洗い流します。汚れが気になるときはスポンジに中性洗剤を少量つけて泡立てます。

フチの部分は飲み口となるため、汚れが付きやすいですが、薄く割れやすいのでそっと丁寧に洗います。また、洗うときに他の食器等とぶつからないように気を付けましょう。

洗い流す際は、水よりもぬるま湯で流したほうが乾くのが早いです。熱湯をかけるのはガラスが破損するおそれがあるため避けましょう。しっかりと洗い流して、水をきちんと切ります。

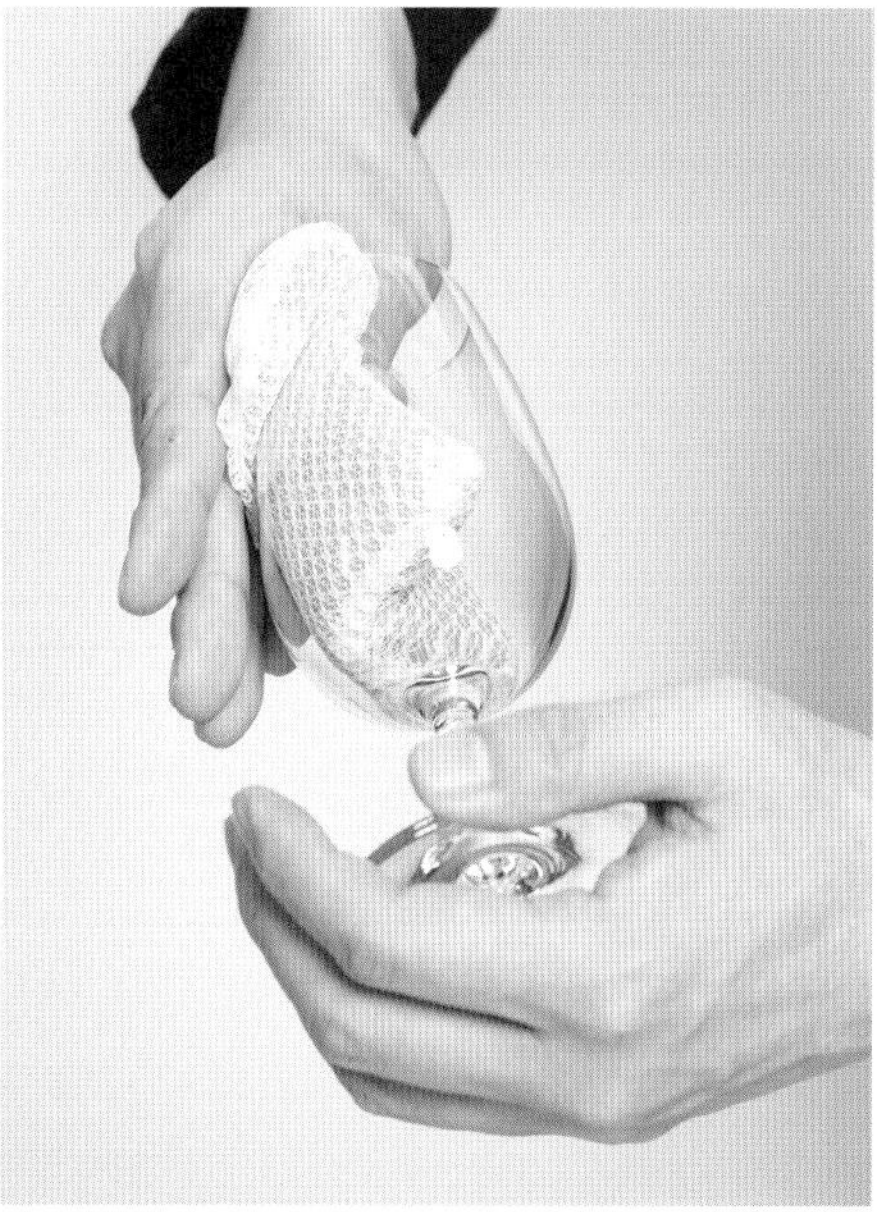

②フチは割れやすいので、スポンジを
そっと挟みましょう。

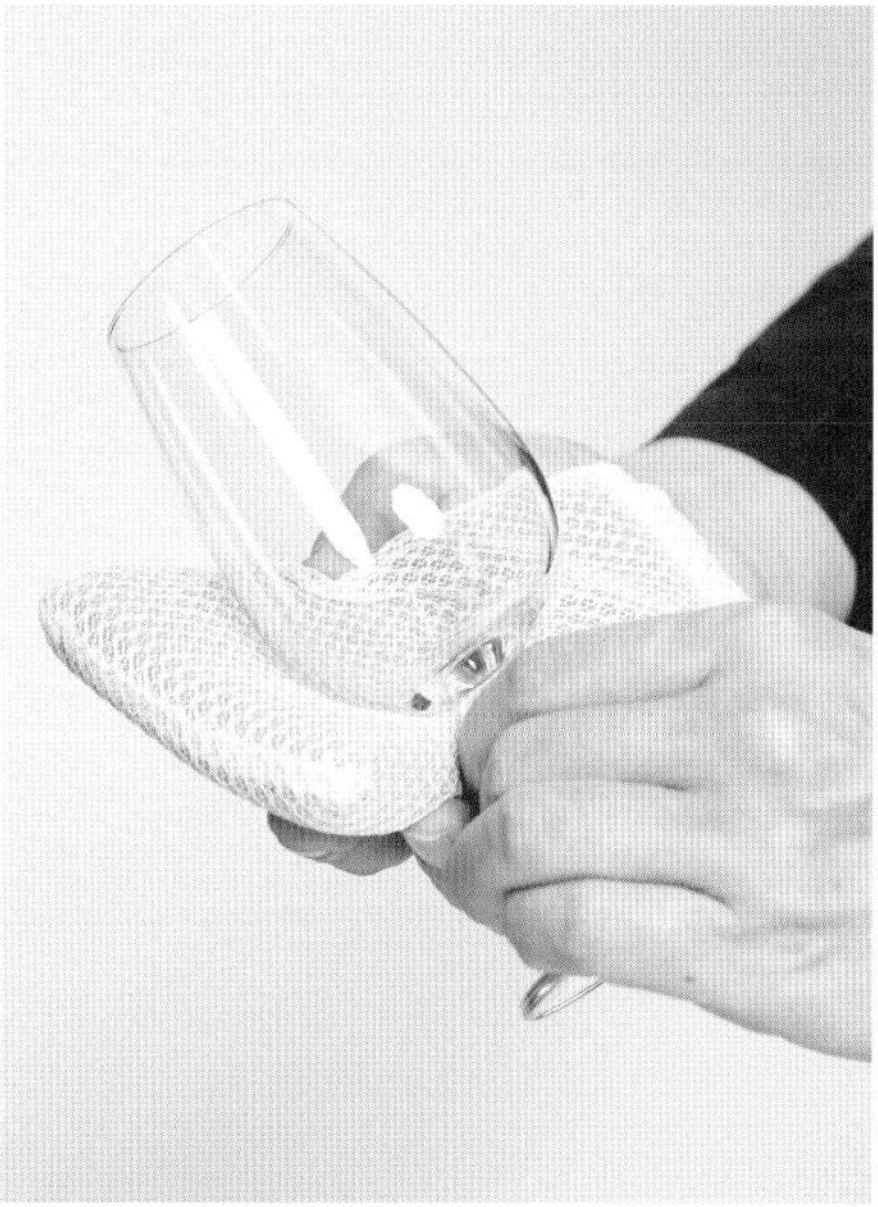

③ボウルの外側は、スポンジを広げて
包み込みながら回転させます。

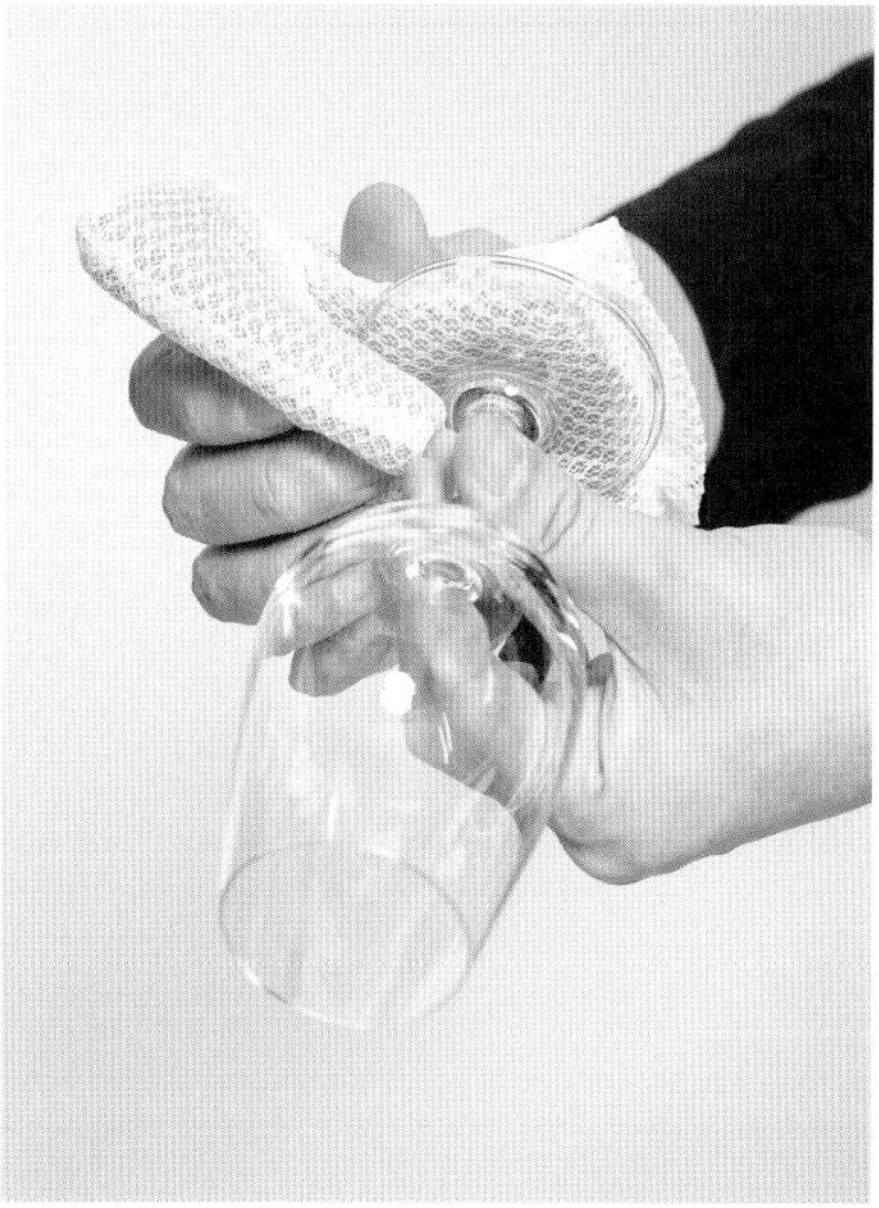

④脚、台座はスポンジを挟むと
洗いやすいです。

⑤底を支えながら、汚れが残っていないか
確認をしましょう。

18

グラスの拭き方

指紋が付かないようにクロスを上手に使って水気を拭き取る

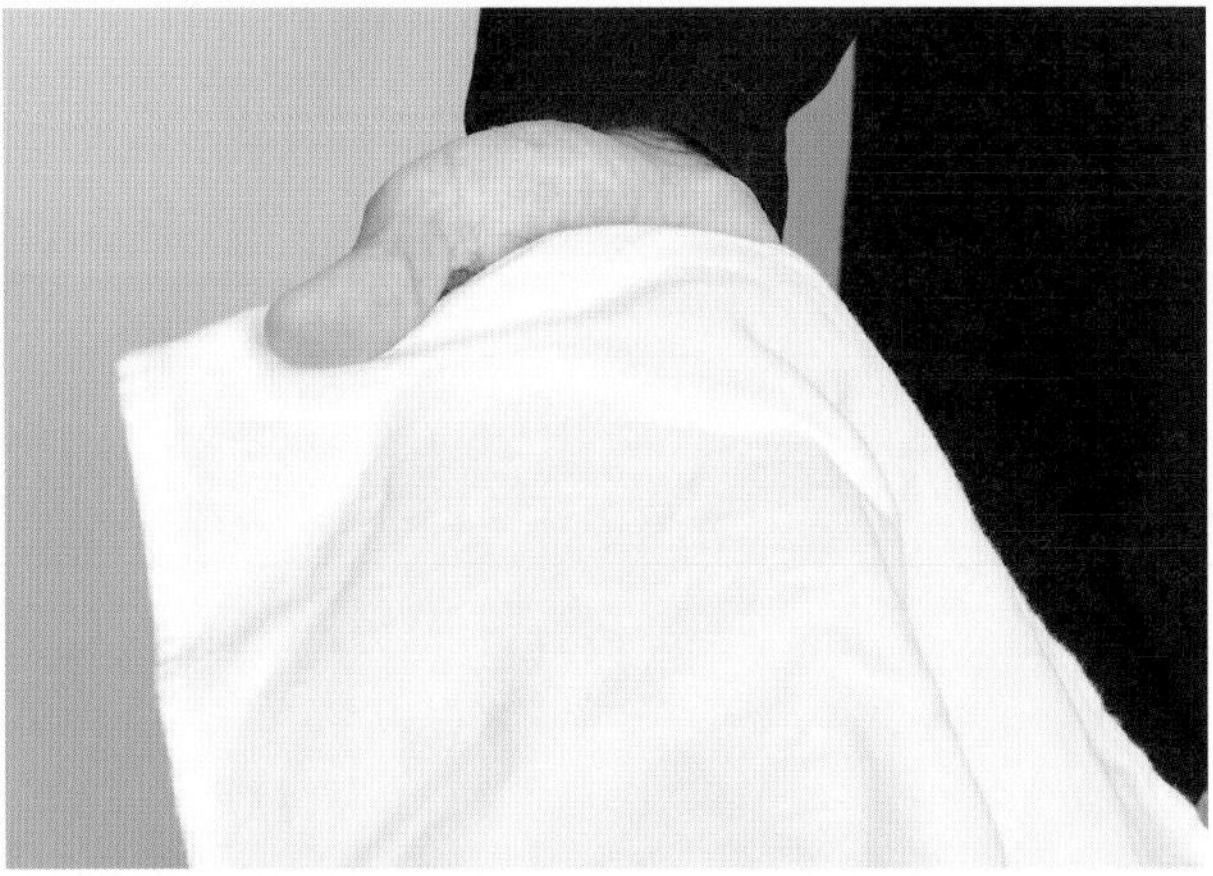

①右利きの場合にはブルータオルの先端を左手で持ちます。左利きの場合は反対にします。

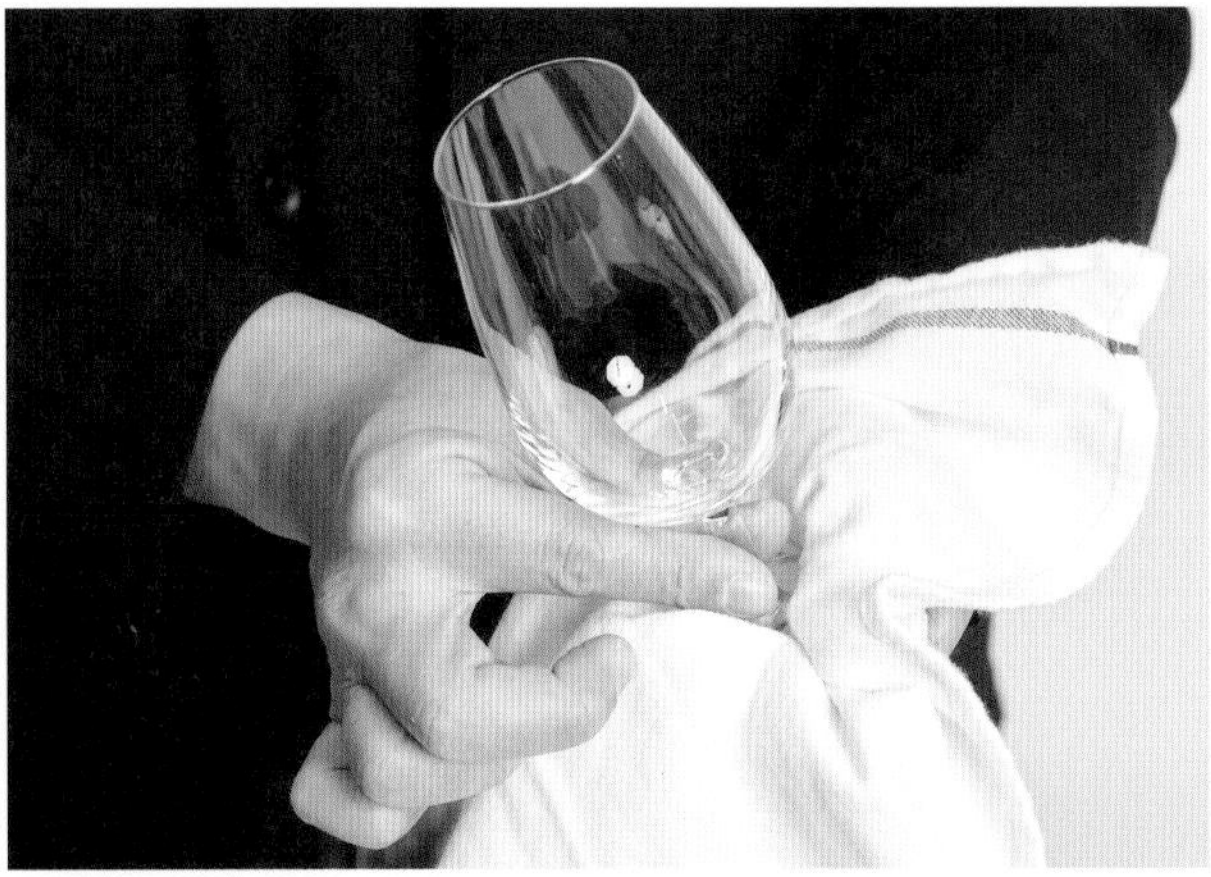

②右手で持ったワイングラスの足を、ブルータオルで覆うようにしながら左手で持ちます。直接ワイングラスに触れないので、指紋が付くことがありません。

グラスは洗ってすぐに拭かないと水の跡が残ることも

ワイングラスを洗ったら、水の跡がつかないように、なるべく早めに拭きましょう。拭くときは、ブルータオル（15ページ参照）を用意してください。タオルの両端を上手に使えば、指紋が付くことがありません。

ワイングラスは繊細なため、力を入れすぎて割れてしまうこともあります。大きくて、吸収力のよいブルータオルを使って、包み込むようにして水滴を拭いていきます。

洗い終わったあと、グラスを光に透かせて見て、きれいになっているのを目指してください。

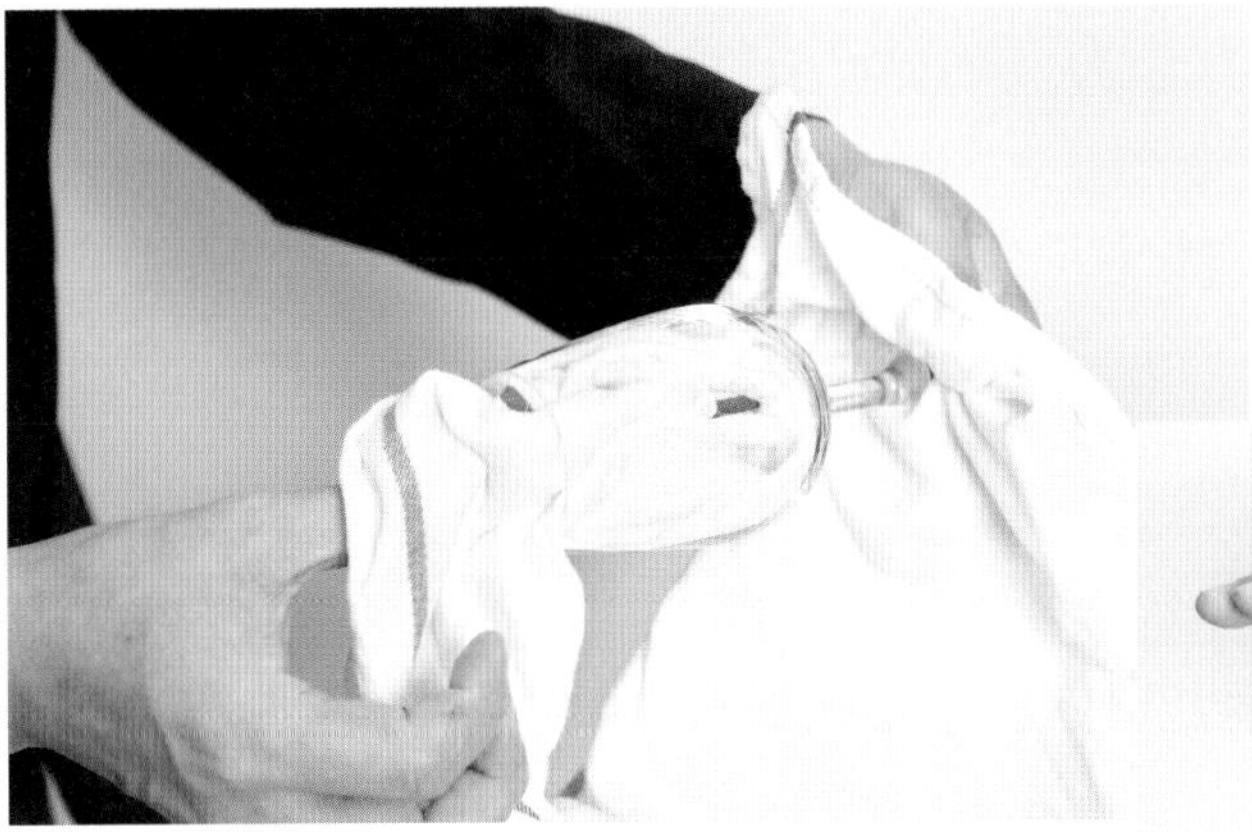

③タオルの反対側でグラスのなかにタオルを押し込んでいきます。

グラスを拭くときは、写真のように親指と人差し指、中指でタオルを挟んで拭きます。

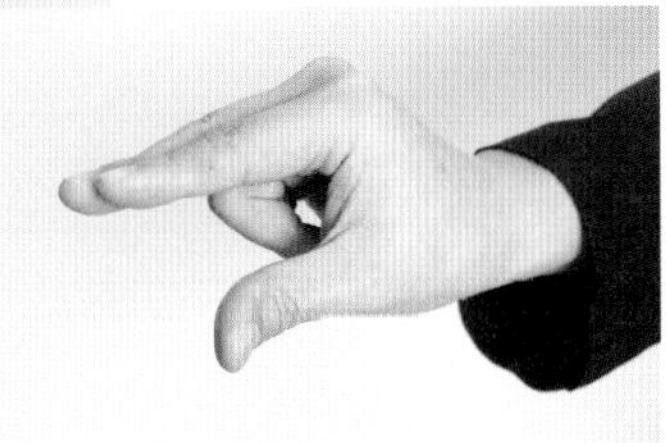

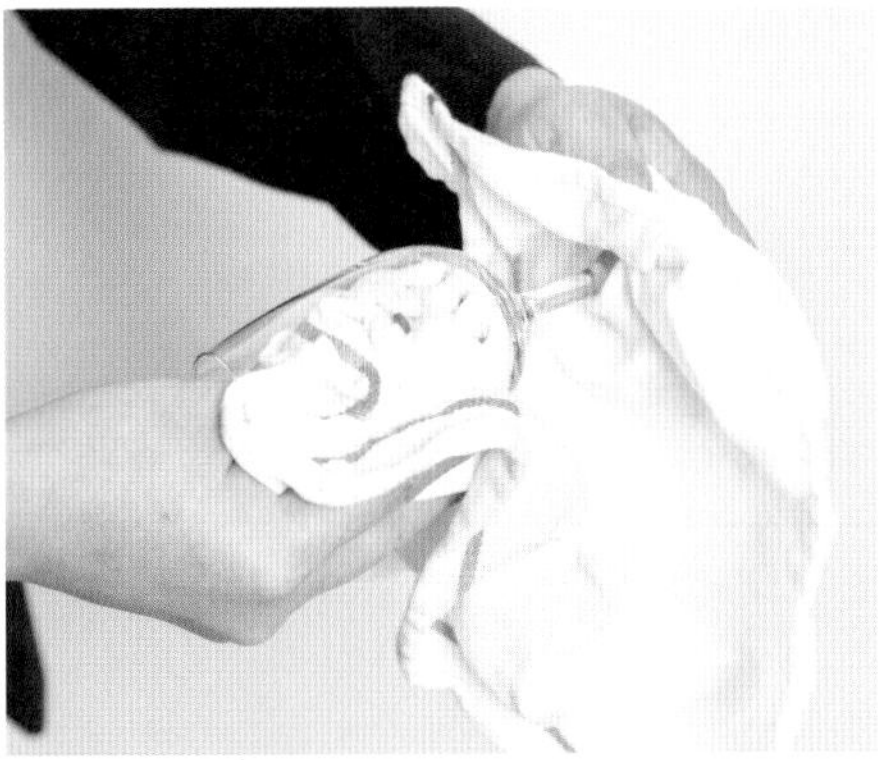

④台座の部分を持つ左手でグラスを固定し、右手でグラスのなかを拭きます。

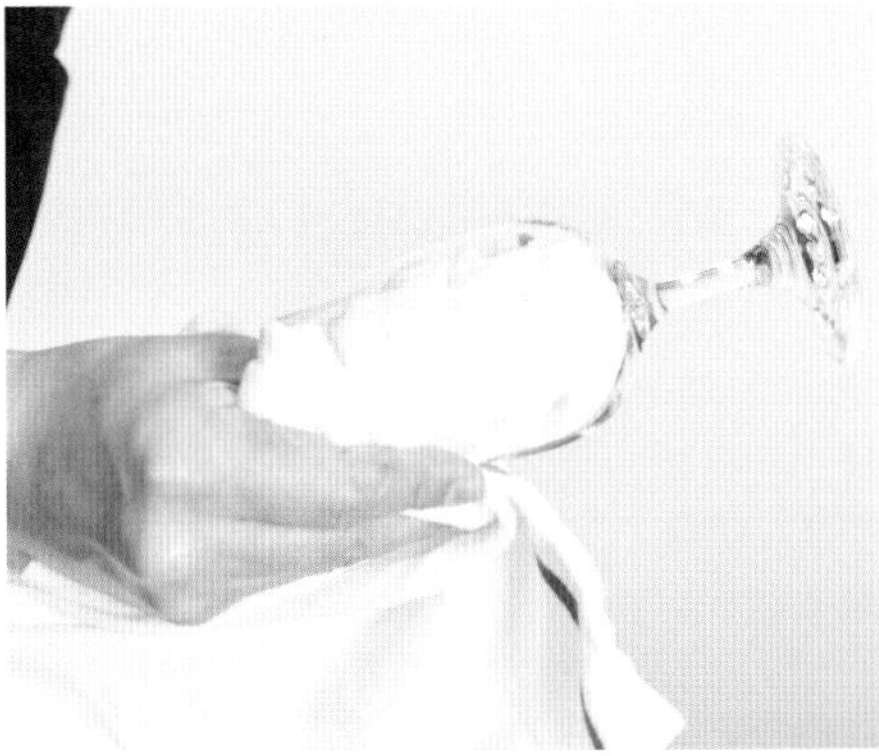

⑤親指とそれ以外の4本の指で抱えるようにしてワイングラスを持ちます。

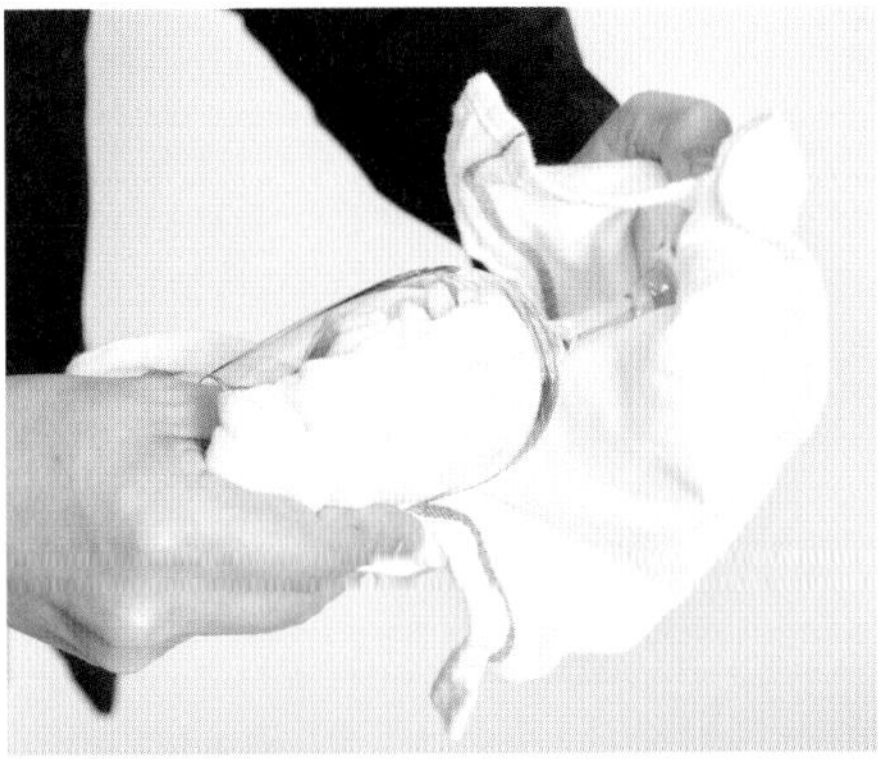

⑥今度は左手で持ったブルータオルの部分で台座の部分を拭いていきます。

⑦拭き終わったら、光に透かせて、きれいになったか確認しましょう。

19 ラベルの読み方①フランスワイン

ヨーロッパの国々ではワインは畑と結びついているという考えが強い

こちらはフランス、ブルゴーニュ地方のヴォルネイというワインのラベルです。最も大きな文字が「Volnay 1er Cru」になりますが、これは「ヴォルネイ村の１級畑で収穫されたブドウを使ったワインだよ」ということを意味しています。ヴォルネイを名乗るためには赤ワインしか生産することができません。ブドウ品種はピノノワールと定義されていますので、ここからピノノワールが使われていることがわかります。

下の「Champans」は畑の名前です。似ていますが発泡性ワインのあのシャンパーニュではありません。

ブドウ品種は ラベルの産地名から読み取る

ワインのラベルは大きく分けるとヨーロッパの伝統的な産地のラベルと、アメリカやオーストラリアなどのニューワールドに分類できます。

ヨーロッパの国々は、ワインは畑と紐づいているという考えが強いので、畑にはブドウ品種も味わいの特徴も固定がされています。

そのためブドウ品種はラベルには記載されずに、ラベル上の産地名から読み取ることが必要になります。

ボトルの首の部分はラベルが貼られる場合もありますし、貼られない場合もあります。貼られる場合はたいていは収穫年が記載されていて、「何年に収穫されたブドウを使ったんだ」ということがわかります。

ラベルの横には任意で様々な補足情報を書かれていることもあります。これはラベルの下部にある場合も多いです。この場合は、「生産者が瓶詰めまでを行っています」という文字があります。

ラベルの読み方②イタリアワイン

ブドウ品種がある場合は「土地＋ブドウ品種」がセットになっていることが多い

一番上にある「Giacomo Grimaldi」は生産者の名前を表しています。

「Vigna Valmaggiore」はヴァルマッジョーレの丘のことで、ブドウ園がある場所を意味しています。

名称の表記法はDOCという法律で定められている

こちらはイタリア、ピエモンテ州のネッビオーロダルバというワインのラベルになります。

ヨーロッパのワインは土地に紐づいていますが、ブドウ品種がある場合は、たいてい「土地＋ブドウ品種」がセットになっている場合が多いです。

このワインについても「アルバという地域のネッビオーロを使ったワイン」だということがラベルからわかります。

この名前はDOC（Denominazione di Origine Controllata）といって、法律で定められた名称になります。

ラベルの横には瓶詰めまで生産者が行っていること、酸化防止剤として二酸化硫黄が含まれていること（法定量の範囲内）などが記載されています。

21

ラベルの読み方③ニューワールド

ラベル表記がヨーロッパの伝統国とは異なり ブドウの品種を記載することも多い

「La Cancha」とは、チリ、セントラルヴァレーのマイポヴァレーにあるラカンチャという畑を表しています。ラカンチャはもともとこちらにサッカー場があったところをブドウ畑にした、という伝説のある畑です。

ニューワールドのラベルにはブドウ品種を記載することが多く、このワインもカベルネ・ソーヴィニョンと記載があります。

記載事項が多い傾向にある

上のワインはチリのワインです。チリはアメリカやオーストラリアと同様に、ニューワールドに分類されます。ニューワールドのラベル表記はヨーロッパの伝統国とは違い、ブドウ品種を記載することが多いです。ラベルの裏面には、ヨーロッパのワインに比べて、ブドウが植えられた年や、樽熟成期間など、任意的な記載事項が多くなります。

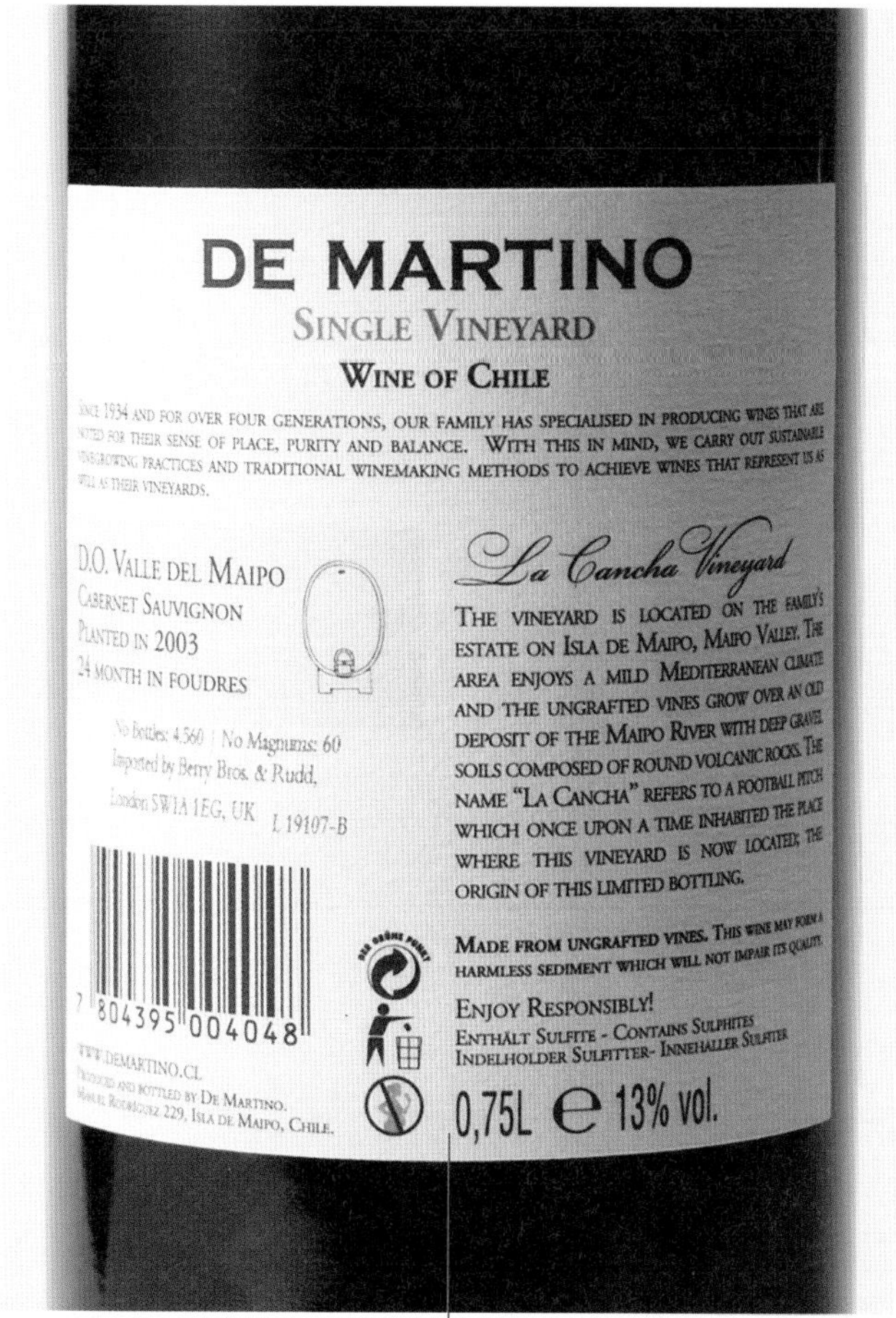

ラベルの裏面は任意的な記載事項が多くなります。ワイナリーとしてはできる限り自分たちのワインのストーリーを知ってもらいたいと思うものですが、そのストーリーを手短に記載しているのがわかります。また、ブドウが植えられた年（2003年）や、24ヶ月間の樽熟成期間などもわかるようになっています。一般的にこれらの情報についてはヨーロッパのワインは少なく、逆にニューワールドのワインは情報を多く記載する傾向があります。

22 ボルドーのメドック格付け

世界で最も有名なボルドーの格付けを紹介。各シャトーの歴史やエピソードを知ると、味わいも格別

ボルドーワインの展示のためにパリ万博から始まった

メドック格付けとは、1855年のパリ万国博覧会の際に、ボルドーワインの展示をするためにメドック地区のワインの当時の流通価格順に1級から5級まで格付けをしたものです。これは世界で最も有名な格付けになります。メドック地区は、フランス南西部にあるボルドーのジロンド河の河口近く、左岸にあるワインの産地です。

シャトー・マルゴーやラフィットロートシルトをはじめ、格付けされてないワインまでありますが、それぞれのシャトーの持つ歴史やエピソードとともに味わえるようになると、また格別になります。

1855年にはメドック地区以外に、ソ

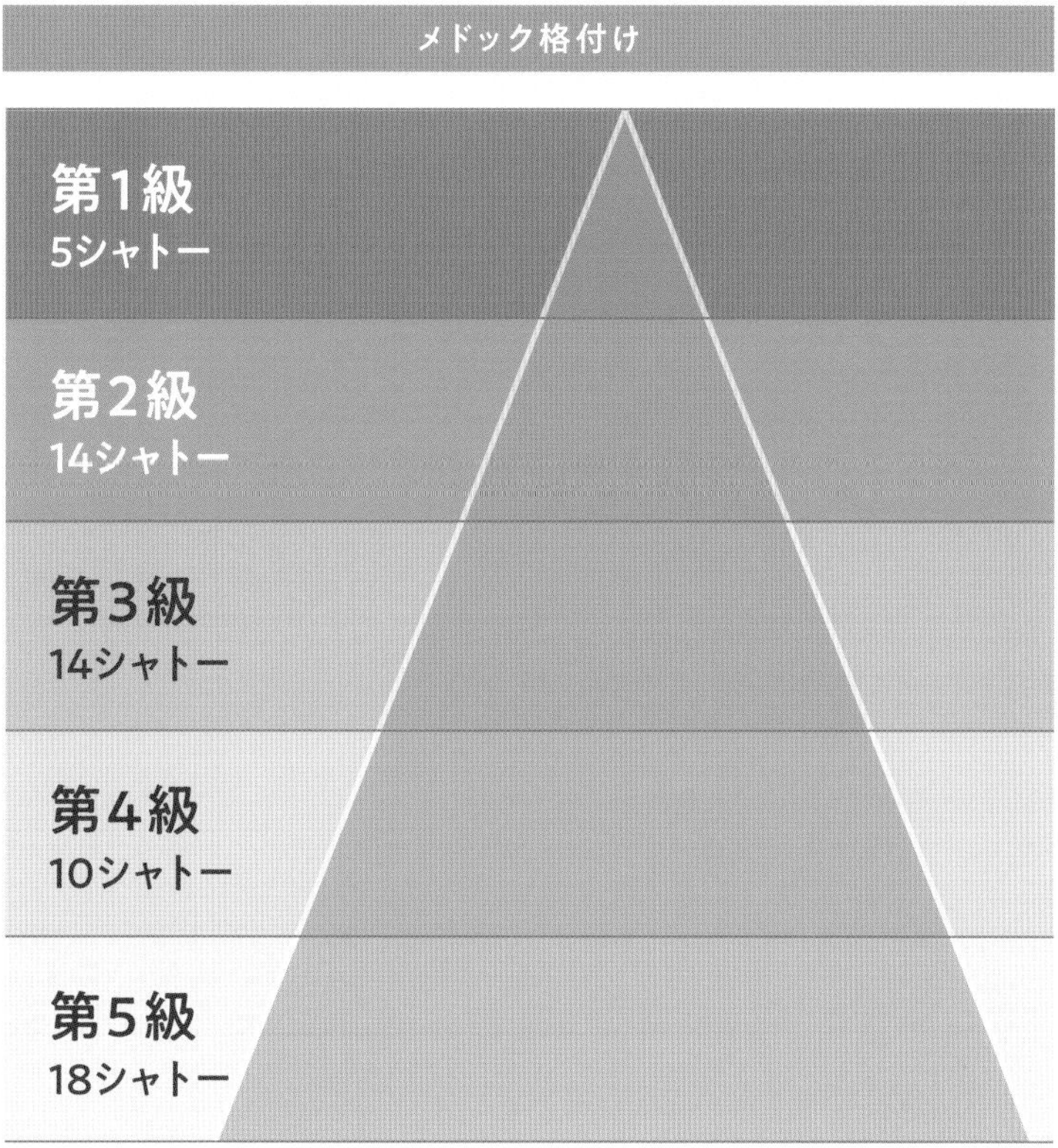

ーテルヌも格付けされました。ソーテルヌは甘口白ワインの産地ですが、今よりも、当時は甘口ワインの需要が高く人気もあったので、メドックとともに、ソーテルヌも格付けされた経緯があります。

ソーテルヌでは、1級と2級に分かれますが、シャトー・ディケムだけは、当時から特別な扱いを受けていたので、特別1級に格付けされています。

サンテミリオンは、メドック格付けから100年後の1955年に格付けが開始され、10年ごとに見直しされる予定でした。しかし格付けに疑義があったり、裁判沙汰が起ったりして、定期的に行われていたわけではありません。

また、最新のサンテミリオンの格付けでは、もっとも高級なシャトー・オーゾンヌ、シャトー・シュヴァル・ブランが脱退したこともあり、格付けそのものの価値が問われる時代となっています。

23 ブルゴーニュの格付け

品質ごとではなくブドウ畑の位置によって決まり特級畑、1級畑、村名クラス、地域名クラスに分かれる

同じ畑でもワイン造りが違えば品質にも差が出てくる

ブルゴーニュは、フランス中東部にあるワインの産地です。格付けは、特級畑（グランクリュ）、1級畑（プルミエクリュ）、村名クラス、地域名クラスに分かれています。

ブルゴーニュワインの格付けはワインの品質ごとではなく、ブドウ畑の位置によって行われるのが特徴です。畑は同じでも、生産者が違えば当然ワイン造りに違いが出てきます。ワイン造りが違えば、品質にも差が出てくることになります。つまりは、評価が非常に高くても、低くても、特級畑で取れたブドウであれば同じ特級ワインになります。

特級ワインは特級畑で収穫されたブドウの実を使用したワインで、最低でも1万円、高いと数百万円するワインがあります。畑が非常に細分化されていますので、一つひとつの畑で生産されるワインの数はおのずと限られます。こうなると、プレミアが付くことになって、需要に対して、生産量が少なくなるため、どうしても価格が高騰しやすくなります。

ブルゴーニュの格付け

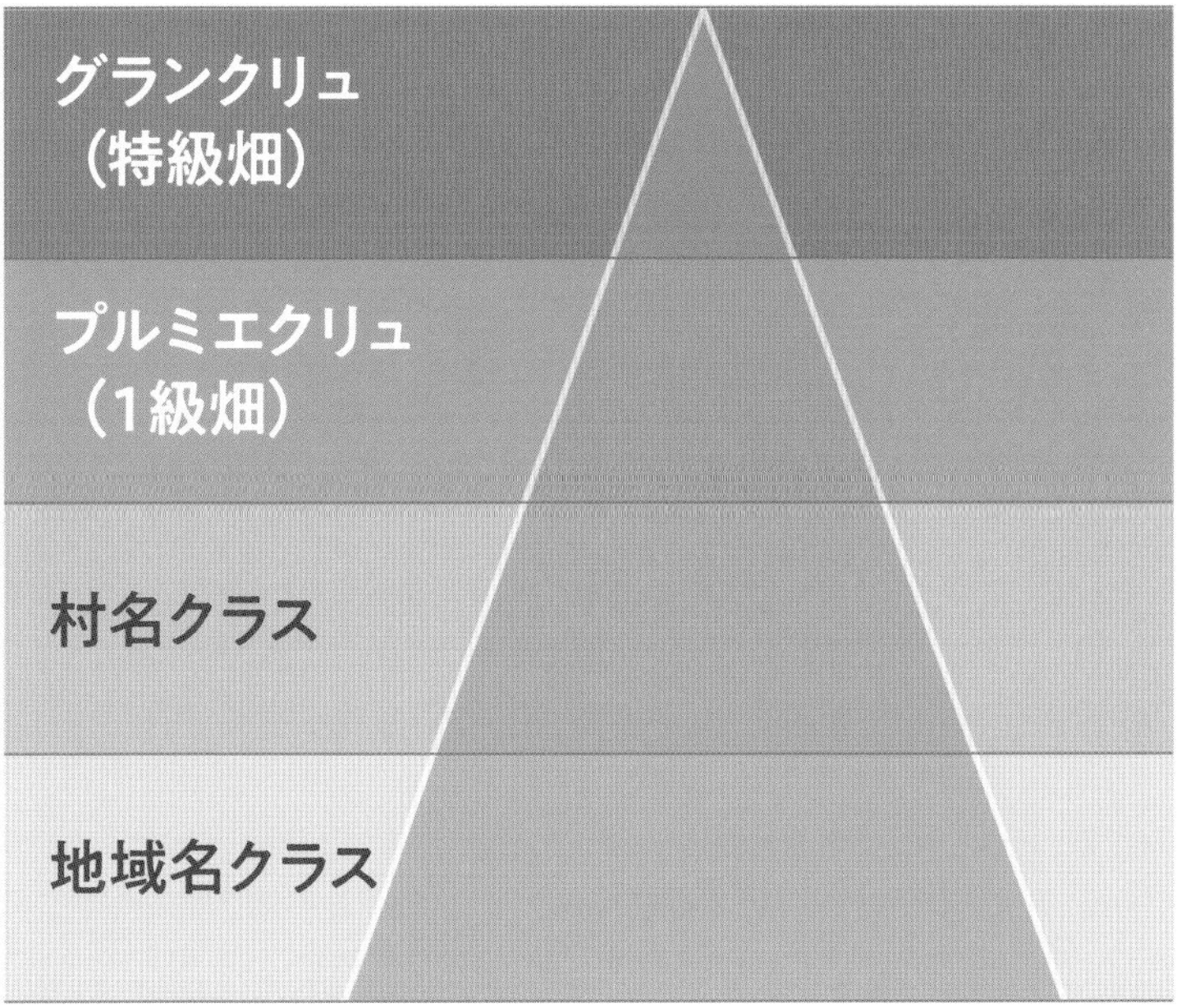

　1級ワインは、1級畑で造られたワインになりますが、1級ワインまでは高級ワインになります。1級ワインであっても、特級ワインに劣らない評価のワインもありますし、特級ワインよりも人気が高いワインも数多くあります。

　例えば、ムルソーという高級白ワインがあります。ムルソーは世界に誇る白ワインの生産地ですが、特級ワインはありません。1級が最上になりますので、1級でも、特級より価格が高いものも少なくありません。

　村名クラスは、1級畑を囲むようにあることが多いです。一般的に村名クラスは、格付けが下のようにとらえられがちですが、畑の位置を検討すると素晴らしい畑のことも多いので、村名クラスの品質に差があるととらえるワインファンもいます。

　ブルゴーニュは畑によって格付けがされるので、ワイン造りがうまい生産者と、うまくない生産者が造っても、同じ畑なら同じ格付けになります。同じ畑であっても、生産者によって、ワインジャーナリストやインポーターなどの評価も価格も変わってきます。

24

ワインの保管方法

お気に入りのワインを保管し、ワインライフを楽しむポイントを紹介

ゆっくり熟成を楽しむためには直射日光、振動、保管温度がポイント

ワインを保管するにあたって気を付けることは直射日光、振動、保管温度、湿度の4つです。一番重要なのが、直射日光を避けることです。直射日光が当たると、ジャムのような香りに変質することがあります。一度そうなると、リカバリーは難しいです。できる限り光が当たらない場所で管理をしましょう。振動は、常に揺れ動いていなければ、あまり気にしなくてもよいです。

保管温度は、一般的に温度が高くなるほど熟成が速くなり、低くなるほど、熟成が遅くなる傾向があります。湿度には冷蔵庫内などの極端に乾燥した環境でない場合はあまり神経質にならなくても大丈夫です。

Column

初心者がワインを育てる難しさ

ワインの熟成を知ることで、ひょっとしたら「自分も若いワインを購入して、これを10年後に飲んで最高の状態を味わおう」とお考えの方もいらっしゃるかもしれません。

ですが、これは特に初心者の方であればかなりハードルが高いので、念のため押さえておきましょう。

特に高級ワインを数本買って、これを数本入りのワインセラーに10年間そのまま寝かしておく、というのは現実的に無理に等しいです。

というのも、あなたが奮発して購入したワインであればあるほど思い入れが強くなりますので、気になってしまい、必ずことあるごとにワインセラーを確認することになるでしょう。

そして、気になれば「きちんと熟成しているかなあ」「悪い条件ではないだろうか」などという思いも芽生えてきます。誕生日などのお祝い事であれば、「それであればうちのセラーのワインから1本開けようか」という気持ちも芽生えるはずです。

ワインを個人がセラーで育てるのは、「ワインを開けたい」という思いとの闘いですので、その思いに打ち勝てるか、あるいはそのワインが何でもないと思えるかしかワインを育てることはできません。

例えば、何百本もワインのコレクションがあって、そのどれかから飲んでもいい、という場合であれば、コレクションのうちの何割かが10年後に飲むワインであってもなんとも感じない、ということもあるでしょう。10年後ということになりますと、当然セラーの電気代もかかりますし、セラーを置いておく場所代もかかることになります。自信がない場合は、熟成はプロのワインショップに任せて、すでに熟成をしたワインを購入する、という手段も押さえておきましょう。

25

家庭でのワインの保管

ワインを最適な環境で保管するワインセラー
コンプレッサー式、ペルチェ式のメリット、デメリットは？

値段や機能など自分に合ったワインセラーを選ぼう

薄暗く、温度が一定していて、振動がなく、匂いもない。この環境を家庭で探すのは難しいですが、それを実現するのがワインセラーです。

ワインセラーのメリットは①光を避けて、ワインを静かに保存する、②温度、湿度を最適に保つ、の2つです。熟成をさせるにせよ、買ってすぐに飲むにせよ、ワインセラーに入れて保存しておくことで、最適な環境を保てるので安心です。

赤ワインを飲むのに最適な温度は16度から20度と言われています。これを家庭の冷蔵庫で実現するのは難しいですが、ワインセラーであれば、簡単に実現できます。

コンプレッサー式のメリット、デメリット

コンプレッサー式は、家庭の冷蔵庫についているような冷却装置を使って、ワインセラーを冷やします。メリットは冷却力が強いことです。温度を一定に保つことができ、大量のワインを保存するのに向いています。フレンチやイタリアンのレストランで採用されているプロ向けのほとんどがコンプレッサー式です。デメリットはペルチェ式よりも高価で、大型です。コンプレッサー自体が大きいので、小型化が難しいのです。また、若干の振動音があり、寝室にコンプレッサー式のワインセラーを置くと気になって眠れないのでご注意ください。

ペルチェ式のメリット、デメリット

ペルチェ式は、ビジネスホテルにあるような小型の冷蔵庫に採用されている方式を採用したワインセラーになります。メリットはワインセラーがコンパクトに設計されていること。自宅のスペースがない場合にも設置しやすい点が魅力です。安価で1万円程度で購入できるものあるため、今のところ家庭用ではペルチェ式の方が多いように感じます。デメリットは冷却力がコンプレッサー式に比べて弱いこと。夏場などは外気の気温に寄せられて温度が上がることがあります。

ワインセラーは近年人気で、量販店でも、通販でも購入できます。安いものでは、1万円を切るものもありますし、売れ筋価格帯でも3～4万円で購入できます。高価なものだと、100万円を超えるものもあります。最初に購入するワインセラーであれば、5万円ほどの予算で十分です。

ワインセラーは、コンプレッサー式、ペルチェ式の2タイプがあります。置く場所、収納したい本数、消費電力なども比較して、ご自身の楽しみ方に合ったものを選びましょう。

なお、ワインセラーは思った以上に場所を取ります。空間にゆとりがある場合は、インテリアにもなり、おしゃれに映りますが、そうでない場合は、窮屈に感じてしまうこともあるので、ご注意ください。

26 開けたあとの保存方法は？

アルゴンガス、バキュバン、コラヴァンを保存期間とコストを考えて上手に使い分けよう

①アルゴンガス

アルゴンガスは酸素よりも比重が重く、ワインに対して不活性のため、ワインの保存にとっては理想的な気体です。窒素もワインに不活性ですが、比重がアルゴンガスのほうが重いため、ワインを保存の場合は、アルゴンガスのほうが理想とされます。一度ワインを空けて空気が入り込んでも、ほとんど品質が変わることなく、1週間ほどワインを楽しめます。

アルコンガスを入れたあと、すぐにコルクを締めます。

ポイントは酸素に触れさせないこと 便利なグッズを紹介

瓶に入っているワインは、一旦コルクを抜栓したら、酸素に触れることになります。酸素に触れなければ、長期間品質を変えることなく楽しめますので、保存用のワイングッズは、酸素とワインの遮断を目的としたものが多くなります。

ここでは、空気を飛ばしてアルゴンガス（窒素も含む）を充満させ、酸化を防ぐ「①アルゴンガス」、空気を抜くことで酸素との接触を減らす「②バキュバン」、ワインを空けることなく、注いだ分のアルゴンガスがたまる「③コラヴァン」の3つの便利なワイングッズを紹介します。

②バキュバン

専用の栓でフタをして、ビンのなかの空気を抜いてしまうというもの。空気を抜くので、酸素も遮断されワインの保存ができるようになります。ただし、空気を抜くにも限界があり、完全な真空にはなりません。また、保存中に多少の空気が入り込むことになるので、現在ではバキュバンよりも、他の保存方法を用いることが多いです。

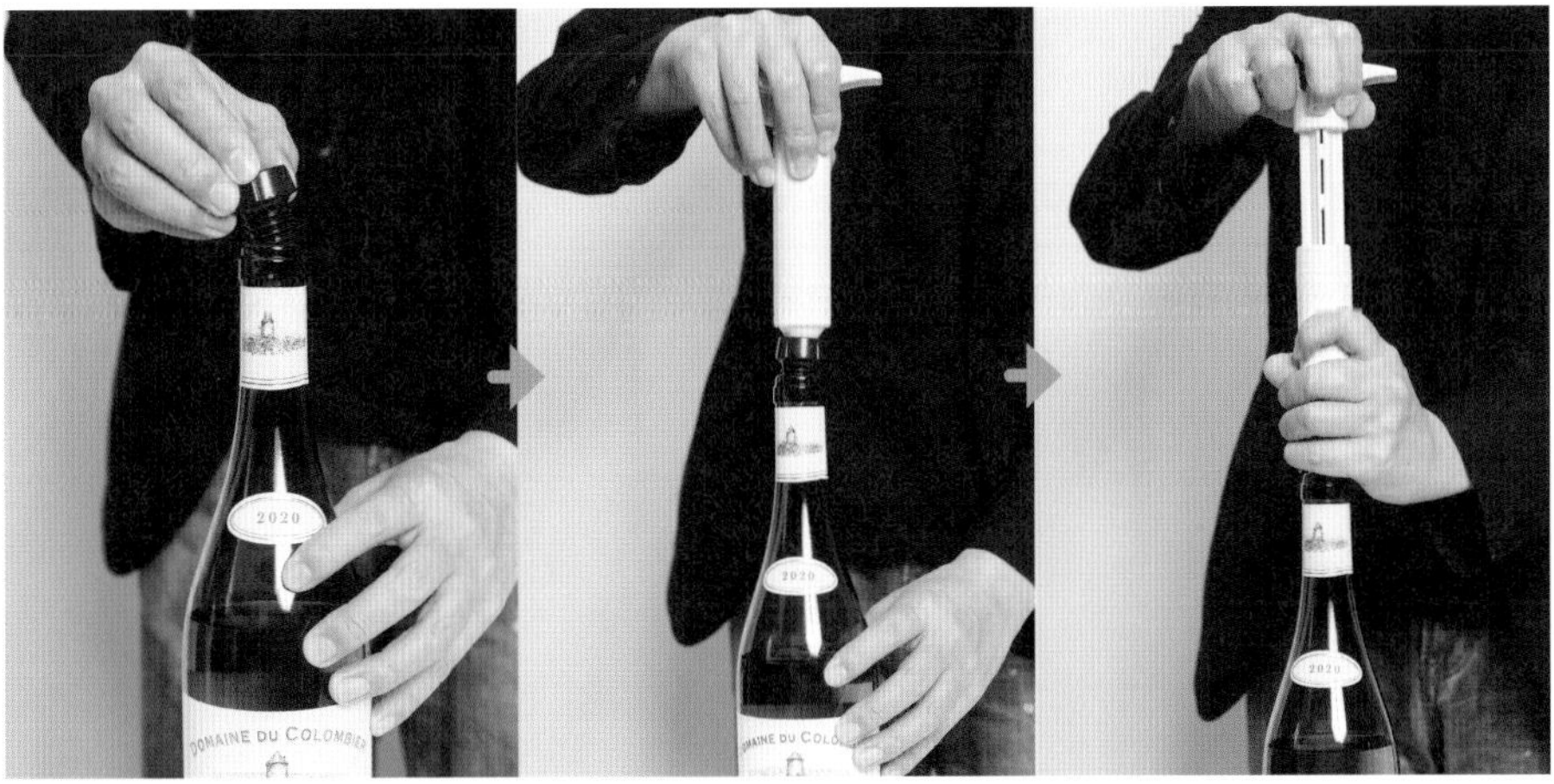

専用のフタをしたあと、空気を抜きます。

③コラヴァン

コルクに細い栓を刺して、ワインを注いだ分のアルゴンガスを瓶内に注入する装置になります。ワインを開けることなく注ぐことができるので、事実上空気に触れることがなくなります。空気に触れないので、劣化も防げ、現在のところは最強のワインの保存グッズかと思います。最大のデメリットは、本体が高価で、かつアルゴンガスのボンベも高価なので、よほどの高級ワインでないと、コラヴァンを用いる経済的理由が見いだせないことです。

コラヴァンを装着したままワインを注ぎます。ワインを注いだ分だけ、アルゴンガスが注入される仕組みです。

27 ペアリングとは？

ワインと料理との組み合わせ試す際に3つのポイントがある

味わい、産地、ワインと料理の格のベストな組み合わせとは？

ペアリングとは、ワインと料理の組み合わせのことです。

以前は「マリアージュ」と呼ばれていましたが、現在はペアリングと呼ばれることが多いです。

ワインを昇華させるのは料理ですので、ワイン好きな方はぜひペアリングを試してみてください。

ペアリングのポイントは3つ。「味わいで合わせる」「産地で合わせる」「ワインと料理の格を合わせる」です。

①味わいで合わせる

基本的には、ワインの味わいのタイプと料理の味わいのタイプを合わせるのがセオリーです。ワインが軽め、爽やかであれば、料理もさっぱりとして素材の味を生かした食べものが合わせやすいです。ワインがどっしりとして、重たい口あたりの場合、料理の味わいも濃くて複雑で、食べごたえのあるものが合わせやすい傾向があります。

ワイン	軽め、あっさり	重たい口当たり
料理	素材の味を生かした料理	味わい深く食べごたえのある料理

②産地で合わせる

ワインは市民生活の広がりと共に広がった経緯があります。ある地域で作られてきた家庭料理は、おのずとその地域のワインと合うように、味わいが寄せられていきます。結果として、その地域のワインと料理は良いペアリングとなることが多いです。特にヨーロッパの伝統的なワイン原産国では、ワインと料理との素晴らしいペアリングがあります。

ワイン	料理
その地域のワイン	その地域の家庭料理

③ワインと料理の格を合わせる

ワインが高価なのにも関わらず、料理が安すぎる。逆に、ワインがリーズナブルなのに、料理が高級料理である。これは良いペアリングとはいえません。ワインに価格や格付けがあるのと同様に、料理にも格があります。高級食材を使った、シェフが腕によりをかけた料理に、家庭的なリーズナブルなワインでは、料理に対してのリスペクトに欠けます。逆に家庭で作る気軽な料理であれば、肩肘張らずに緊張しないでいただける価格帯のワインが良いということになります。

ワイン	高価	リーズナブル
料理	高級料理	家庭で作る気軽な料理

28 家庭でできるペアリング

良いペアリングを実際に試してみましょう

家庭の料理に合わせたおすすめのワインとは？

ワインのテイスティングができるようになると、ワインの味わいを自分の言葉で他者に伝えることができるようになり、料理とのペアリングも追求することができるようになります。

ここでは実際に家庭でできるペアリングの例を白ワイン、赤ワイン、スパークリングワインに分けて紹介します。実際に試していただくことで〝良いペアリング〟を実感できると思います。

白ワイン

すっきり系の料理

キノコや魚介類の天ぷら、お魚のカルパッチョなどは素材の味を活かしてさっぱりとしてシンプルな味付けになっています。この場合は、シャブリやさっぱりとした口当たりのソーヴィニョンブランのワインなどが良いペアリングと言われています。ワインの爽やかな酸味が食欲を誘い、軽めの料理がさらに美味しくいただけることになります。

リッチな料理

バターやクリームを使った魚介料理や白身の肉の料理の場合は、白ワインであっても樽熟成をさせたリッチな口当たりのワインが合うとされています。樽熟成をすると、ワインにバターのような風味が生まれ、加えて凝縮した口当たりがありますので、料理の風味にも負けません。

赤ワイン

さっぱりとした味付けの料理

鶏胸肉の料理や豚肉のしゃぶしゃぶなどのようなさっぱりした味付けの料理の場合は、渋味が軽めで色合いが明るい赤ワインがおすすめです。例えば、ブルゴーニュの ACブルゴーニュや、ロワール地方のカベルネフランなど、色合いが明るめで、飲み口が爽やかな赤ワインがよく合うとされています。脂分が少なくてさっぱりといただける肉料理は、渋味が強いと渋味が料理の風味に勝ってしまうことがあるので、渋味が強くない赤ワインを合わせることが多いです。

リッチな料理

サーロインステーキやすき焼き、バーベキューソースで焼き上げた仔羊肉などは、重めの赤ワインがよく合います。おすすめは、カリフォルニアのカベルネ・ソーヴィニヨンや、オーストラリアのシラーズは渋味が強く、濃縮感があってアルコール度数が高いワインです。リッチな料理は、一般的に動物性の脂分が強いことが多いので、動物性の脂分は渋味との相性が非常に良いため、濃い口当たりで渋味の強い赤ワインが合うとされています。

スパークリングワイン

高級なシャンパーニュ

高級なシャンパーニュには、やはり高級料理がよく合います。高級なシャンパーニュは瓶内で長いこと熟成をさせていることが多いので、瓶内熟成による複雑な風味や凝縮感があり、飲み口が強い場合も多いです。ただしスパークリングワインは、基本的には食事の前半や、乾杯でいただくことが多いので、味わいそのものは濃く、高級食材を使っているけれども、少量をいただくような料理がよいです。例えば、キャビアやフォアグラの一口前菜が合うとされています。

カジュアルなスパークリングワイン

料理もさっぱりとしていて、素材の味わいを活かしている料理の方が合うため、さっぱりとした白ワインに合わせられるようなワインであれば、大抵合います。スパークリングワインは乾杯に最適のため、前菜類や、スペイン料理のタパス、カナッペなどの一口前菜に合います。例えばパーティなどの前菜類とスパークリングワインは、最適なペアリング言えます。

Column

ソムリエ試験・ワインエキスパート試験について

ソムリエ協会主宰の資格試験

おそらくこの本をここまでお読みのあなたであれば、ソムリエ試験・ワインエキスパート試験に興味がある人も多いと思います。あるいはすでに資格をお持ちになっていて、試験合格後のステップアップを模索している人もいるでしょう。

ソムリエ試験、ワインエキスパート試験は一般社団法人日本ソムリエ協会（以下　ソムリエ協会）が主宰する資格試験で、1年に一回あります。

試験は1次試験がCBT方式（難易度の調整された問題が受験者ごとにランダムにパソコンから出題される方式）による筆記試験です。

7月後半から始まり、2次試験のテイスティング試験は10月中旬、3次試験の実技試験（ソムリエのみ）は11月後半から12月と、大変な長丁場になっています。

いくつかワイン系の資格試験はありますが、日本国内ではソムリエ試験・ワインエキスパート試験は長い歴史と伝統があり、最も知名度のある試験と言っていいでしょう。

僕は「ワインブックススクール」といって、国内最大級のオンラインのワインスクールを運営していて、毎年多くのソムリエ試験・ワインエキスパート試験の合格者を出させていただいています。

試験のテイスティングと、本書のテイスティングの違い

ここまで読み進めたあなたであれば、「ワインのテイスティングとはこのように進めるんだ」というものが何となくご理解いただけていると思います。

それであれば、このまま読み進めれば「資格試験にも対応できるテイスティング能力が身に着くだろう」という気にもなるかもしれません。

もちろん参考になる部分は大きいですが、それはやや早計なところもあるかもしれません。

本書のテイスティングは、「あなたが感じたワインの味わいを、他者に伝える時の共通言語」として紹介しています。

つまり、主軸はあなたの主観になります。

あなたが感じたものを他者に伝えるわけですから当然でしょう。ですが、これをそのまま試験に持ち込んでしまうのはリスクが大きくなります。

というのも、試験であるからには正解と不正解が存在しますので、「あなたの感覚」ではなくて、「出題側の感覚」に沿った表現が求められるからです。

「出題側の感覚」とは？

では、出題側の感覚とは何でしょうか？　この場合はソムリエ協会の感覚になります。

あなたが目の前のワインについて、「このワインはイチゴの香りがする」と思ったとしましょう。これには正解も不正解もありません。あなたの感覚ですから、これを堂々と他者へ伝えればそれでかまいません。

しかし、これが試験になればこうはいきません。

いくらあなたがイチゴの香りがすると思っていても、出題側が「これはカシスの香りだ」ととらえているのであれば、カシスが正解になります。

カシスが正解なのであれば、イチゴは不正解か、あるいは部分点か、採点方法についてはわかりませんが、少なくともカシスよりは点数は低くなるはずです。

資格試験である以上、問われているのは「あなたの自由な感覚」ではなくて、「出題者の感覚」をいかに再現するかなのです。

このように表現すると、「なんだか資格試験ってつまらないなあ」と思う人もいるでしょう。

見方によれば、たしかにこれは他者への追従になるし、「もっと自分の感覚を大事にさせてよ」という気持ちにもなるものです。

ですが、テイスティングを本当に個人の感覚にまかせたまま野放しにして

Column

いればいいかと言われれば、そうでもないのが難しいところなのです。

テイスティングは「ワインを他者に伝える共通言語」ですから、当然ある程度のガイドラインは必要で、完全に個人の自由意思に任せっぱなしではまとまりがなくなってしまいます。

ある人はカシスと言っているかもしれないけど、ある人はイチゴと言っている。どっちが正しいのかわからないのであれば、人はワインのテイスティングに信頼を置かなくなるでしょう。

だから資格試験では「このワインの場合はカシス」「このワインの場合はイチゴ」という線引きを決めて、正解・不正解を決めなければなりません。

線引を知るには資格試験のテイスティングは極めて有効

では、もう一度聞きましょう。

資格試験のテイスティングはつまらないでしょうか？　僕はそう思いません。

みんなでワインを盛り上げて、これまでは感覚で「なんとなく」の表現でしかなかったものを、言葉にして可視化をさせる。

そのためにはどこかで誰かが線引きをしないといけないし、これを知るには資格試験のテイスティングは極めて有効に感じます。

いかがですか？　このように考えると、いかに個人の主観によるテイスティングと資格試験でのテイスティングが違うのかがおわかりになると思います。

本書を読み進めるにあたってご注意いただきたいのが、資格試験ベースでのテイスティングと本書でいうテイスティングは違うということです。

本書では他者がなんと言おうとあなたの感覚の方が大事だと思っているし、あなたの感覚を第一に解説をしています。

ここは資格試験でのテイスティングとは棲み分けてご理解ください。

Part 3

ブドウの主要品種

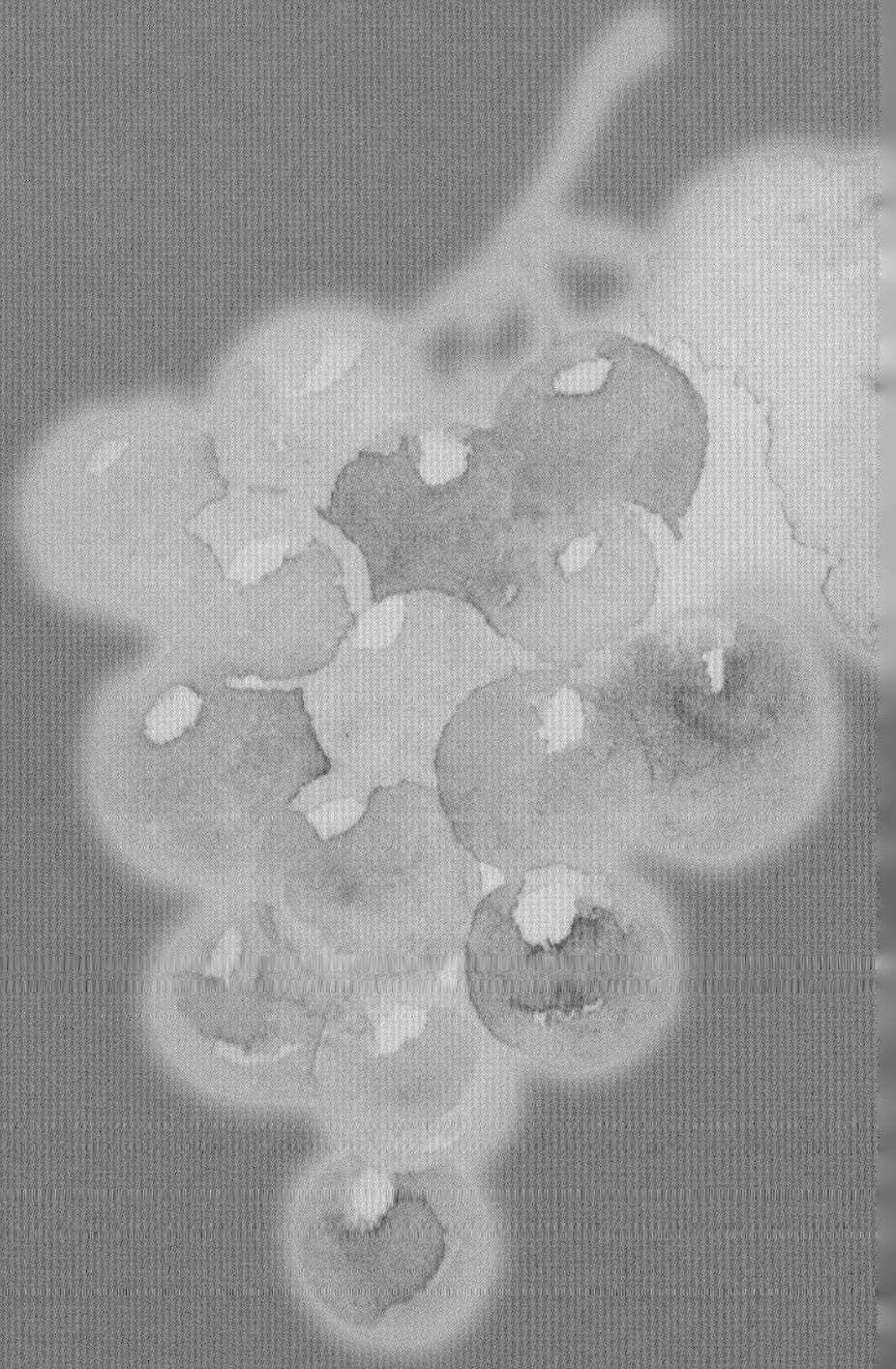

29

シャルドネ
酸味が爽やかな白ワインから、樽熟成した高級ワインまで世界中で愛される、ニュートラルなブドウ品種

フランスのブルゴーニュが原産
生産者にも、消費者にも人気の品種

シャルドネは、フランスのブルゴーニュ地方が原産で、世界で最も人気のある白ブドウ品種といえます。

ニュートラルなブドウ品種といわれていて、生産者が味わいを表現しやすく、生産者にも、消費者にも人気な品種です。

比較的寒冷な場所でも育つため、世界のさまざまな産地で生産されています。育つ環境の違いによって、個性も多様です。酸味が爽やかでさっぱりとしてクリアな味わいの白ワインから、樽で長期熟成をさせる、リッチでコクがあって、バターやクリームのような香りを持つ高級ワインまで、幅広く生産されています。

ブルゴーニュ地方のニュイ・サンジョルジュの葡萄畑の様子。

【主な産地】

- フランス
  （ブルゴーニュ地方、シャンパーニュ地方など）
- アメリカ（カリフォルニア州など）
- オーストラリア
- イタリア
- 南アフリカ
- 日本（長野県）　など

【主な銘柄】

- シャブリ
- ムルソー
- ピュリニーモンラッシェ
- ミュジニーブラン
- コルトンシャルルマーニュ
- プイィ・フュイッセ
- シャンパーニュ　ブラン ド ブラン

30

ソーヴィニヨン・ブラン

ハーブや柑橘系の爽やかな香りが特徴で前菜におすすめの品種

フランスのボルドーやロワール上流域が原産

ソーヴィニヨン・ブランは、フランスのボルドーやロワール上流域が原産の白ブドウで、世界的に普及をしている白ブドウ品種です。

ハーブや、柑橘系のフルーツの香りが特徴で、現代人のライトな食生活にもマッチしていることから、世界的に評価をされています。

酸味が爽やかで、華やかな香りの飲みやすいタイプの白ワインが多く、日本の食卓の前菜や、食事のスタートに最適なワインとされています。一部に樽熟成をさせたコクのあるリッチな口当たりのものもあります。

フランス・ボルドーにあるブルス広場。

【主な産地】

- ボルドー
- ロワール川上流域
- ニュージーランド　マールボロ一地区
- チリ
- オーストラリア
- 南アフリカ　ステーレンボッシュ

【主な銘柄】

- ボルドーブラン
- アントル・ドゥー・メール
- パヴィヨンブランデュシャトーマルゴー
- サンセール
- プイィ・フュメ
- コトージェノワ
- リンブリ

31 リースリング

酸味が強め、直線的で独特な風味
甘口、辛口、スパークリングなど多様なワインの原材料

ハーブが効いた料理との相性がいい品種

リースリングは、ドイツやフランス北東部のアルザス地域が原産の白ワイン用のブドウ品種です。酸味が強く、直線的で独特な風味を持つ品種です。緑がかったイエロー、ミネラルの印象が特徴的です。特徴的な香りとして、ペトロール香（ガソリンのような香り）が感じられますが、近年は全般的に穏やかになっているようです。

かつて日本では甘口ワインの品種として人気が高く、高級なブドウ品種として扱われていましたが、近年はシャルドネやソーヴィニヨン・ブランの人気に押されています。魚介類のほか、中華料理、タイ料理などのハーブが利いた料理ともよく合います。

フランス・アルザス地方のコルマールの街並み。

【主な産地】

- フランス・アルザス
- ドイツ全域
- オーストラリア　クレアヴァレー
- オーストラリア　イーデンヴァレー
- 東欧全域
- イタリア北部
- アメリカ　ニューヨーク州

【主な銘柄】

- AOCアルザス
- AOCアルザス・グランクリュ
- ヴァンダンジュタルティヴ（遅摘み）
- セレクションドグランノーブル（貴腐ワイン）
- ドイツ・トロッケン（辛口ワイン）
- ドイツ・カビネット

シュナン・ブラン

軽めの味わいのワインから、コクのある味わいのワインまで
カメレオンのようなブドウ品種

フランスのロワールが原産 南アフリカのワインを楽しむ

シュナン・ブランは、フランスのロワール地方が原産の白ワイン用の品種です。

辛口から甘口、軽めの味わいからコクのある味わいまでさまざまな味わいに仕上がる品種として有名で、その特徴から「カメレオンのようなブドウ品種」とも呼ばれています。緑がかったイエローで、ミネラルを感じるので、僕は「霧のなかを歩いているような」と表現することがあります。

南アフリカ産の爽やかな軽めの白ワインは、ミネラルの印象が強くさっぱりとしていて、酸味に特徴があって、この味わいのファンも多いです。魚介料理や、ポトフとも相性が良いです。

フランス・ロワール渓谷のブドウ畑の風景。

【主な産地】

- フランス、ロワール地方
  アンジュ・ソミュール地区
- フランス、ロワール地方
  トゥーレーヌ地区
- フランス、南西地方（一部）
- 南アフリカ
- ニュージーランド
- カリフォルニア州
- オレゴン州
- 西オーストラリア州

【主な銘柄】

- サヴニエール
- ヴーヴレー
- シノンブラン
- ジャスニエール
- コトーデュレイヨン
- ボンヌゾー
- スティーン（南アフリカ）

33

ミュスカデ

酸味がすっきり、さっぱりとした魚介類との相性が良い白ワイン

フランスのロワール地方で栽培 澱と共に熟成させるシュール・リー

ミュスカデは、フランスのブルゴーニュ地方が原産でしたが、18世紀にロワール地方（河口寄りのペイナンテ地区）に持ち込まれて栽培されるようになったブドウ品種です。もともとは品種の個性が乏しくて、凡庸なワインを生むブドウ品種という厳しい評価をされていましたが、近年では産地の環境を反映した高級なミュスカデも造られるようになりました。

歴史的に、澱と共にワインを熟成させるシュール・リー製法が採用されてきたブドウ品種で、さっぱりとしていて爽やかな風味のなかにも澱からくるイーストのような香りが特徴的な味わいが多いです。

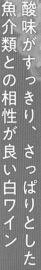

フランス・ロワール渓谷内にあるシュノンソー城。

【主な産地】

■フランス　ロワール川下流域
ペイナンテ地区

【主な銘柄】

■ミュスカデ
■ミュスカデ　セーヴルエメーヌ
■ミュスカデ　コートドグランリュー
■ミュスカデ　コトードラロワール

34 カベルネ・ソーヴィニョン

高級ワインのブレンドから、新世界の香りを楽しむワインまで

世界中で栽培される赤ワイン用のブドウ品種

　カベルネ・ソーヴィニョンは、フランスのボルドー地方が原産地とされていて、ボルドーの高級ワインの主要品目として使われます。チリ、アメリカなどのワインの新世界と呼ばれる地域でも多く栽培されています。

　タンニンが豊富に含まれていて、色が濃くて渋味が強く、世界で最も愛されている赤ワイン用のブドウ品種とされています。

　産地を選ばずにどこでも強く育つ傾向があるため、価格の安いリーズナブルなワインから、高級ワインまで幅広く生産されています。

フランス・ボルドー地方のメドック地区の様子。

【主な産地】

■マルゴー
■ポイヤック
■サンテステフ
■サンジュリアン
■トスカーナ州（イタリア）
■カリフォルニア州（アメリカ）
■オーストラリア

【主な銘柄】

■シャトーマルゴー
■シャトーラフィットロートシルト
■シャトームートンロートシルト
■サッシカイア
■オーパスワン
■スクリーミングイーグル
■メドックのワイン全般

メルロ

フランスのボルドー地方で交配により生まれたカベルネ・ソーヴィニョンとのブレンドがおすすめ

長野県塩尻市でも生産されている品種

メルロは、フランスのボルドー地方で交配により生まれたブドウ品種です。

耐寒性や、害虫に強い性質があって環境も選ばないため、世界で最も広く栽培されている品種の一つです。

ただし、ワインについてはこれといった特徴が見出しにくく、色が濃くて渋味が強めなので、長期熟成させた高級ワインが中心です。

味わいに決め手がないため、カベルネ・ソーヴィニョンとブレンドして使われることが多いですが、一部には大変に評価の高い高級ワインも目立ちます。

フランス・ボルドー地方のサン・テミリオンの街並み。

【主な産地】

- フランス、ボルドー全域
- サンテミリオン
- サンテミリオン・グランクリュ
- ポムロール
- カリフォルニア州
- オーストラリア
- 長野県

【主な銘柄】

- シャトーペトリュス
- シャトー　ル・パン
- シャトーパヴィ
- シャトーフィジャック
- シャトーオーゾンヌ
- ヴューシャトーセルタン
- マッセート（トスカーノ州）

36

ピノ・ノワール

テロワールをたのしむ品種 渋味が少なめで繊細な味わい

高級ワインの素材にも用いられる品種

ピノ・ノワールは、フランスのブルゴーニュ地方のブドウ品種です。色合いは明るく、渋味が少なめで、繊細な味わいに仕上がる品種です。世界で最も高級なワインは、ピノ・ノワールから造られることが多く、芸術性や先鋭化をされたワインが多くピノ・ノワールから造られています。

栽培する場所を選び、環境によってワインの味わいに影響を与えることが多いため、逆に、畑の個性をワインに表しやすいブドウということで知られています。

そのため、テロワール（気候や土壌などのその場所ならではの特徴）を表しやすい品種だといわれます。

フランス・ブルゴーニュ地方のニュイ・サンジョルジュの葡萄畑。

【主な産地】

- ブルゴーニュ（フランス）
- シャンパーニュ地方（フランス）
- オレゴン州（アメリカ）
- セントラルオタゴ（ニュージーランド）
- スイス
- 長野県
- 北海道

【主な銘柄】

- ロマネコンティ
- シャンベルタン
- ミュジニー
- クロドヴージョ
- クロサンドニ
- ポマール
- シャンパーニュ　ブランドノワール

37

サンジョヴェーゼ

イタリアの陽光を浴びた色が濃くて渋味がある品種のブドウ

トスカーナで生産されているイタリア料理との相性抜群の品種

サンジョヴェーゼは、トスカーナ州で主に栽培されている品種で、イタリアでは最も広く栽培されている黒ブドウ品種です。突然変異しやすい品種といわれ、クローンがたくさんあり多様な個性があります。

色が濃くて渋味があり、飲みやすいワインから、長期熟成させた飲みごたえのある高級ワインまで、さまざまなワインが造られています。トマトの印象や、オリーブの印象などがワインに現れやすく、これがイタリア料理との良いペアリングといわれています。渋味が強めのため、炭火焼きにした牛肉のビステッカフィオレンティーナと最適なペアリングとされています。

イタリア・フィレンツェにあるサンタ・マリア・デル・フィオーレ大聖堂。

【主な産地】

- トスカーナ州（イタリア）
- ウンブリア州（イタリア）

【主な銘柄】

- キャンティ
- キャンティクラシコ
- ブルネッロディモンタルチーノ
- ティニャネッロ
- カルミニャーノ
- モレリーノ　ディ　スカンサーノ
- トルジャーノ　ロッソ　リゼルヴァ

38

ネッビオーロ

強い渋味と酸味の変化を楽しむ
厳しい環境で育った長期熟成に向いた品種

イタリアのピエモンテが原産
高級ワインを生み出す品種

ネッビオーロは、イタリア北部、アルプスの麓にあるピエモンテ州原産の品種です。イタリアでは高級ワインのバローロやバルバレスコに用いられています。

晩熟型（成熟期間が長い）で収穫時期が遅い、天候のリスクがあるにも関わらず、ピエモンテ州の生産者はネッビオーロにこだわって造り続けています。

渋味と酸味が、他のブドウでは感じられないほど強いのがネッビオーロの特徴です。そのため、長期熟成に向くとされ、若いときには酸味や渋味がとげとげしく感じたものが、30年、40年経つことにより熟成し豹変してくるワインも多いです。

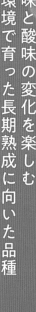

イタリア・ピエモンテ州のブドウ畑の様子。

【主な産地】

- ピエモンテ州（イタリア）
- ロンバルディア州（イタリア）

【主な銘柄】

- バローロ
- バルバレスコ
- ロエーロ　ロッソ
- テッレアルフィエーリ
- ガッティナーラ
- ゲンメ
- ヴァルテリーナ

39

グルナッシュ

スペインのアラゴン原産のブドウ品種 色合いが濃く、糖度とアルコール度数が高くなりやすい

コストパフォーマンスが良くワイン通の間でも人気が高い

グルナッシュは、スペイン北部のアラゴン州が原産といわれる品種です。乾燥していて日照時間が多い、南フランスやスペイン、地中海沿岸で多く栽培されています。

色合いが濃く、糖度とアルコールが高くなりやすく、ジャムのような風味が出やすいです。最近はより繊細で、果実の風味がいきいきとしているものが増えました。

スパイスの印象やミネラルの風味が強く、コストパフォーマンスが良いワインを見つけやすく、ワイン通の間でも人気のブドウとなっています。別名（シノニム）が多くスペインではガルナッチャ、イタリアではカンノナウと呼ばれています。

南フランスにある村ルシヨンの街並み。

【主な産地】

- ローヌ南部（フランス）
- プロヴァンス地方（フランス）
- スペイン全土

【主な銘柄】

- シャトーヌフデュパプ
- ジゴンダス
- ケランヌ
- ヴァケラス
- リラック
- プリオラート（スペイン）

40

シラー

フランスのコート・デュ・ローヌ地方が原産で
オーストラリアではシラーズとも呼ばれる品種

渋味が強く、飲みごたえがあり、濃い口当たりが特徴

シラーは、南フランスのコート・デュ・ローヌ地方が原産の品種で、オーストラリアではシラーズと呼ばれます。色が濃くて、アルコールが高くなりやすく、スパイシーな印象に仕上がりやすいです。

渋味が強く、飲みごたえがあり、濃い口当たりになります。赤身肉のステーキや、炭火焼きなどのバーベキューの料理には最適とされています。

また、スパイスの印象が強いため、ペッパーステーキやスパイスの風味が効いた肉料理、ジビエなども合います。濃い料理がお好きな方には、一度試していただくことをおすすめします。

フランス・コート・デュ・ローヌ地方の風景。

【主な産地】

- ローヌ北部
- バロッサヴァレー
- イーデンヴァレー
- クレアヴァレー
- マクラーレンヴェイル
- 西オーストラリア州

【主な銘柄】

- コートロティ
- コルナス
- エルミタージュ
- クローズエルミタージュ

41

テンプラニーリョ

スペインで最も広く栽培されている黒ブドウ品種
リーズナブルなワインから高級ワインまで

樽熟成との親和性が長年検討されてきている

テンプラニーリョは、スペインのリオハ原産で、スペインで最も広く栽培されている黒ブドウ品種です。テンプラニーリョの名前は、スペイン語の語源temprano(早い)に由来していて、他の品種より数週間早く熟します。リーズナブルなワインから高級ワインまで幅広く造られています。特にリベラ・デル・ドゥエロではウニコというスペインを代表する高級ワインの主要なブドウ品種になっています。

色合いは濃く渋味が強いですが、樽熟成との親和性が長年検討されてきていて、ブドウの風味とともに樽からくる香りとの妙を楽しむブドウ品種とされています。

リベラ・デル・ドゥエロのブドウ園の様子。

【主な産地】

- スペイン全土
- 北部地方
- カスティーリャイレオン

【主な銘柄】

- リオハ
- リベラ・デル・ドゥエロ
- ヴェガシシリア　ウニコ
- ナヴァラ
- ペネデス
- シガレス

42 マスカット・ベーリーA

新潟県で交配された赤ワイン用のブドウ品種
日本の家庭料理にも合わせやすい

イチゴの風味を感じる可愛らしいワインが多い

マスカット・ベーリーAは、新潟県上越市で交配された赤ワイン用のブドウ品種です。今では日本各地で生産されています。大きめの実で、生食もされています。

一般的には色合いはそこまで強くはなく、イチゴの風味などが感じられる可愛らしいワインが多いですが、濃く仕上げて長期熟成型にさせるようなワインも出てきました。

樽熟成をさせた濃い口当たりのワインから、飲みやすい甘みを残したワインまで幅広く造られていて、日本の家庭料理にも合わせやすいワインとされています。

甲州市勝沼のブドウ畑の様子。

【主な産地】

■山梨県
■山形県
■長野県
■新潟県
■島根県

【主な銘柄】

■深雪花（新潟県）
■シャトーメルシャン（山梨県）

43

甲州

山梨県を中心に栽培されている白ワイン用のブドウ品種

グレーグリーンの色調が特徴と表現されることも多い

甲州は、山梨県の甲州盆地を中心に栽培されている、白ワイン用のブドウ品種です。

皮がピンク色をしたグリ系ブドウ品種とも呼ばれていて、ワインの色合いは灰色を帯びていることが多く、そのため、グレーグリーンの色調と表現をされることも多いです。

さっぱりとした酸味の飲みやすいワインから、甘味を残したコクのあるワインまで幅広く造られていて、近年では樽熟成をさせたリッチな口当たりの高級ワインで、世界的に評価をされるようなワインも出てきました。

山梨県甲州盆地のブドウ畑の様子。

【主な産地】

■山梨県
■島根県
■山形県
■長野県

【主な銘柄】

■グレイス　甲州
■ルバイヤート　甲州
■シャトーメルシャン

Column

ボルドー五大シャトー紀行

シャトーはフランス語で「お城」の意味

ボルドーのなかでも特にメドック地区のワインは世界の赤ワインの中枢で、おそらくどの生産国、生産地域の生産者も意識をしているだろうし、お手本にしているところも少なくないはずです。

僕はアポイントなしで生産地域を訪れることが好きです。ここでは、今回訪れたボルドー5大シャトーのレポートを紹介します。

ボルドー五大シャトーとは、シャトーラフィットロートシルト、シャトームートンロートシルト、シャトーラトゥール、シャトーマルゴー、シャトーオーブリオンの5つになります。

ボルドーとはいいましたが、正確には1855年になされたメドック地区のシャトーの格付けになり、シャトーオーブリオンだけグラーヴ地区から選出された経緯があります。

パリからボルドー市までは、TGVで2時間ちょっとで着きます。ガロンヌ川を抜けるといよいよ気分も盛り上がってきます。

ボルドー駅は正確にはボルドーサンジャン駅といって、結構大きな駅ではありますが、それでも日本でいえば県庁所在地の駅よりもやや小ぶりな程度の大きさでしょう。

五大シャトーへ行く前にボルドー市を歩きましたが、いろいろと感じることができました。

ボルドーは16世紀から17世紀にかけて港湾流通で大いに興隆した経緯があって、ワインに加えて砂糖や奴隷貿易でバブルを経験したのです。

そのため市はスプロール現象が起こり、

無秩序に拡大をした結果、かなり世俗的な発達をしたとされています。

世俗的とは、ざっくりといえば理性よりも本能的な部分が勝った様子とでもいえるでしょうか。お金や名誉、本来であれば隠しておきたい欲がおさえきれない状況のことを指します。

また、昔のフランスの衛生事情はひどく、下水がなかったため汚物はそのまま道路に放り出されるような状況でした。

こうなると夏の悪臭は相当なものでしょう。愛想をつかした貴族階級の人たちがボルドー市を離れ、郊外に邸宅を建て始めます。これがシャトーワインの始まりです。

シャトーはもともとフランス語で「お城」の意味です。郊外に建てた邸宅は豪華で、見た目はお城のようなものも多かったため、このように呼ばれるようになりました。

フランス人のパーティー好きは有名です。邸宅を建てれば人を招いて饗宴を催したくなるのが人情でしょう。そこで考えた貴族は、シャトーの周りの土地を開拓して、ブドウを植え、できたブドウをシャトー内でワインにして振舞ったのです。

シャトーオーブリオン

パリに着いたその日、ホテルにチェックインをして「さあボルドー市を観光するぞ」と思いましたが、ふと頭によぎったのです。「そういえばシャトーオーブリオンって、ボルドー市に隣接しているよなあ」と。

グーグルマップで現在地からシャトーオーブリオンを調べると4㎞ほどのところにあって、徒歩で行っても1時間だと出てきたのです。

パリからボルドーに着いて、さあビストロで旨いボルドー料理でもいただこうかと思っていましたが、これは予定変更です。

近所のテイクアウトのお店でバゲットにハムと野菜をたっぷり挟んだサンドイッチをいただき、その足でシャトーオーブリオンに向かいます。

ボルドー市は駅を離れるとかなり汚く、家屋の壁は汚れ放題で、お世辞にもきれいい街並みとは言えません。

　ペサック通りを歩いて行ってもしばらくそんな街並みが続いて、「いつになったらブドウ畑が広がるんだ」と不安になったのを覚えています。

　しばらく歩いてもまだ市街地が続いていて、どんどん街並みは寂しくなる様子でしたが、ジョルジュサンク通りを抜けてしばらくするとそれっぽい景色が広がってきます。

　トザン通りを抜けるといきなりブドウ畑が広がってきて、左がミッションオーブリオン、そして右がオーブリオンです。オーブリオンの正門は重厚でセンスの良いたたずまいです。

　フランスはすべての文字を大文字で記載することが多く、オーブリオンの表記もすべて大文字です。

　門は開いていて、誰でも入れるようになっていますが、あまりにも開放的なので逆に不安になるほどです。真正面にあるシャトーはレセプションとして機能していて、ドアを開けると普通に親切に接してくれます。

　五大シャトーは、メインシャトーがプライベートになっているところも多く、レセプションとして機能しているのはオーブリオンだけでした。1階はワインが陳列してあって、おそらく観光客向けの販売店舗でしょう。ただし価格は伏せてあって、お客によって価格は変動するのかと不安になりました。接客用のロビーがあって、ゲストブックにも多くのサインがありましたが、さすがにすべての機能をここだけでするのにはかなり手狭に感じます。ひょっとしたら応接スペースはまた別にあるのかもしれません。

　オーブリオンはアメリカの実業家クラレンス・ディロンが1935年5月13日に230万フランで買収したシャトーです。投資家であるクラレンス・ディロンは当代きっての資産家で、フォーチュン誌は1957年に米国で最もリッチな人物として紹介をしています。

　ボルドー市にも近く、自身の好みだったオーブリオンをどうしても欲しかったディロンは、当時フランスワイン界のドンであったアンドレ・ジベールに何ヶ月も交渉をして買収をしたのです。

シャトーマルゴー

　シャトーマルゴーはマルゴー村にあって、

ボルドー駅からマルゴー村までは電車で行くことができます。ボルドーサンジャン駅から早朝の電車に乗り込み、1時間ほどでマルゴー駅に着きますが、おそらくほとんどの人はここで引き返したくなる衝動に駆られるはずです。

駅を降りてもコンビニもカフェもなく、平坦で決して綺麗とはいえない街並みが広がります。この日の気温はマイナス3度。間違えて迷ったりすればボルドー駅に帰れなくなる可能性もあります。

この手の旅行をするにあたって、スマホは必須ですが、海外旅行でネットを屋外で使用する場合には端末のWi-Fiを持ち込むことがほとんどでしょう。きついのがスマホに加えてWi-Fiの端末がダメになればネットにはつながらず、グーグルマップが使い物になりません。

マルゴー駅を降りてしばらくするとすぐに360度ブドウ畑が広がります。こうなると自分がどちらの方を向いているのか分からなくなるので、グーグルマップがなければ普通に迷うはずです。マルゴー駅をおりて20分ほどすると一面のブドウ畑ですが、しばらくして見えてくるのが一筋の街路樹です。それまで街路樹はどこにもなかったのに、そこだけ一本の線のように街路樹が続いていて、その奥にシャトーマルゴーが鎮座しています。この景色はシャトーマルゴーの存在感を際立たせ、意地悪な表現をすると他のシャトーがシャトーマルゴーの引き立て役になっている。そこまで思わせるのに十分な演出に感じました。

シャトーマルゴーはマルゴー村で唯一の1級シャトーですので、おそらく村の期待を一身に背負ってきたはずです。

1950年頃の所有者であったジネステ家はボルドーワイン界において強い影響力を持つネゴシアンの一つでした。

そのネゴシアンの捏造によって起こったとされるワインゲート事件の影響をもろに受ける形で信頼を失い、一時期は五大シャトーのなかでも最も低い評価を受けた時代を経験しています。

現在でこそ五大シャトーのなかでも最も人気も高く、世界的な知名度を誇りますが、どのような歴史を経てきたのか、思いを馳せながらボルドー市に帰りました。

シャトーラトゥール

ポイヤック村には1級シャトーが三つあって、シャトーラフィットロートシルト、

シャトームートンロートシルト、シャトーラトゥールがあります。

このうちラフィットとムートンは隣接していてポイヤック村の北西側にあるのに対してラトゥールは南側にあります。

この二つは、一日では両方を見れない程度に距離が離れていますので、おそらく五大シャトーを回る人は、ポイヤック村ではどちらかをまずは見ることになると思います。

シャトーラトゥールまでは歩いて40分程度のところにありますが、その直前にラトゥールに隣接する形でかなり目立つシャトーが二つあります。

それが二つのピション。シャトーピションロングヴィルコンテスドラランドとシャトーピションバロンです。

この二つはもともと一つだったのですが、事情があって二つに分割されたといわれています。

驚くのが、小さな道を隔てて真向かいにあって、その二つが対照的なたたずまいなのです。

バロンは男爵、コンテスは伯爵夫人の意味ですが、これが反映しているかはわかりませんが、ピションバロンのほうは尖った屋根が雄々しく、コンテスのほうは瀟洒な洋館がおしとやかに感じました。

シャトーラトゥールは二つのシャトーの奥にありますが、シャトーらしいシャトーはどこにも見当たりません。普通の感覚であれば2級シャトーよりも1級シャトーのほうが豪華なものを思い浮かべるはずですが、「どこにあるの？」と不思議に思いました。

五大シャトーは、表現は悪いですが実際に訪れるとかなり閉鎖的で、おそらく訪問客のことは大して大事に思っていないんだろうというのが伝わります。

シャトーラトゥールも訪問客用のレセプションはクローズしていて予約専用とのことでした。

電話番号があるのですが、そこに電話しても出ませんので、これでは少なくとも開放的と感じる人は少ないはずです。

畑もすべて柵で覆われていて、なかに入るなという雰囲気が出ていましたが、そうなると肝心の畑を歩けません。それでは困るということで、柵の前でずっと直立してそこから畑を眺めていました。20分程するとたまりかねて責任者らしい人が近づいてきますが、やはりなかには入れないとのこと。

そこで引き下がるほどお人よしではないので、こういうときは言葉がしゃべれないふりをするのに限ります。何言っているかわからない、畑を観たい、遠くから来た、たどたどしい言葉で伝えてしばらくすると、根負けした責任者が「じゃあもういいから、あっち行け」と柵を開けてくれたのです。

こういうときに大事なのが、絶対に毒にも薬にもならない雰囲気を醸し出していることです。

本当にただの素人が間違ってきました、という雰囲気でいれば、「じゃあそれだったら見るくらいなら、まあいいか」となることが多いです。

シャトーラトゥールが紹介されるときに給水塔として紹介される建物の写真がシンボルとして用いられることが多いです。実際には、建物のなかに洗面台などがあって、おそらく休憩室か何かでしょう。高さも5mもないくらいですので、これがシンボルとはさみしく感じます。というのも、シャトーラトゥールのラベルにある塔のような建物はどこにもなく、ずいぶん昔に取り壊されたらしいです。小さな洋館のようなものがありますが、これはさすがにシャトーと呼べるほどのものではありませんでした。

シャトーラトゥールは五大シャトーのなかでは最も硬いというか、凝縮感があるとされていて、悪いヴィンテージでも期待を裏切らないワインを造ることで知られています。

醸造所と畑を見ても決して派手なところはなく、無駄をそぎ落としてワイン造りに集中している雰囲気が伝わります。

それであれば豪華なレセプションは必要ないし、その分をワイン造りに傾けよう、ということなのかもしれません。

シャトーラフィットロートシルトとシャトームートンロートシルト

五大シャトーのうち、シャトーラフィットロートシルトとシャトームートンロートシルトほど対照的な印象のワインはないでしょう。

実際に歩くとこの二つは隣接していてどこに違いがあるのかわからないほど環境は似ています。

であるのに、ラフィットは1855年の格付で1級筆頭に据えられ、ムートンは2級筆頭に甘んじた経緯があります。

ムートンとしては痛恨の極みだったでしょうが、そこから執念で1973年に1級格付に唯一の例外として昇格をすることになります。

唯一昇格をする、ということは、他のシャトーを差し置いて自分だけが特別扱いを受けるということを意味します。

だからムートンロートシルトは五大シャトーのなかでは最も多弁で派手なワインと評価されることが多いです。

一方のラフィットは1855年から現在においても評価も価格も最も高く、いわゆるエリート中のエリートの座を譲らずに現在に至っています。

ということは、ボルドーワイン界のクオリティはラフィットが一つの旗印になっていて、ラフィットのクオリティが下がれば、ボルドーワインの評価そのものに影響を与えかねない、非常にプレッシャーの多い立場であるといえます。

その意味ではここまで長い期間、よくこの地位を守ってきたかが凄いところで、それがシャトーのたたずまいに凄みを出しています。

ポイヤック駅を西に進むと小高い丘になっていて、そこの二つのてっぺんをムートンとラフィットが所有しています。畑のロケーションがそもそも他と違いますし、丘からの眺めは最高で、「これがワイン界の中枢なんだ」と思わせるに十分な雰囲気が出ています。

ムートンにせよラフィットにせよ、環境に違いがあるとは僕には思えませんし、二つとも最高の環境の畑だろうとしかわかりません。

また、二つのワインとも相当な量を造っているので、品質は均一化がされ、近似的になるはずなので、それでもワインの性質は評価が分かれ、ムートンらしさ、ラフィットらしさが表れています。これについては正直ここまでの広大さをみるとテロワールというよりはむしろワイン造りのほうが影響は大きくて、ワインメーカーの腕がより重要になってくるのではないかと感じました。

これはあまり言われていないのですが、おそらくラフィットにせよムートンにせよ、

ここまで敷地が広大だと、所有する畑のなかでも優劣があって、それをブレンドして造っているはずです。

もちろんセカンドワインに回すなどの方法もありますが、トップキュヴェのなかであっても微妙に差があるでしょうし、全く差がないとは考えづらいです。

それであれば本当のトップの畑の部分のブドウだけでワインを造って、トップキュヴェ中のトップキュヴェを造ればいいのに……とはならず、そこには拘らずに1855年当時のスケールを守りながら理想美を追求しているのだと思いました。

しっかりと準備をしてから行こう

ここまで読んで「よし、現地に行こう!」と思った人もいるかもしれません。

ただし勢いに任せていくのはちょっと危険です。今回訪れたときのボルドーは、気温がマイナス5度でしたから、ちょっと間違うと大変な目に合うかもしれません。

今どきグーグルマップがあるから道は間違えない、という意見もあるかもしれませんが、では途中でスマホやWi-Fiが切れたらどうしますか? 路頭に迷うはずです。路頭に迷っても周りに人は誰もいません。やっとの思いで人を探しても、どこが駅なのかを聞くことができません。

最低限の言葉は話せないと、本気で困ったときに自分の身を守れないのです。

言いづらいですが、お金も大事な問題です。

ツアーで行くのか、個人旅行で行くのか。もちろん自由度が高いのは個人旅行ですが、個人旅行は案外無駄な出費も多いものです。

ある程度の出費は覚悟をして、金額以上の経験をする、という意気込みでないと、損した気分を引きずることもあるかもしれません。

ここまでお読みのあなたは、きっと生産地に行きたくてうずうずしているはずです。

しっかりと準備をして、是非生産地に行って畑を歩き、街を歩き、経験してきてください。

皆様の土産話を楽しみに待っています。

おわりに

いかがでしたでしょうか。ここまでお読みのあなたであれば、何となくワインテイスティングについて自信めいたものをお感じになられているはずです。

今まではワインテイスティングはプロだけのもの、あるいはほんの少しの限られたワイン通だけのものと思っていた人であれば、なおさらでしょう。

最後になりますが、せっかくここまでお読みいただいたあなたに、一つだけお願いがあります。

もしあなたの周りで、あなたよりもワインの知識がない、経験がない人がいるなら、ぜひ優しく手を差し伸べてほしいのです。

ひょっとしたらワインのテイスティングで、この本に書かれてあったことと違うことを言っているかもしれない。

ひょっとしたらワインの飲み方の基礎を知らずに、間違った飲み方をしているのかもしれません。

そのようなときに、どうしても優越的な気分や放っておけないという気分が入り混じって、つい感情的に強い口調で指摘をしたくなるときもあるかもしれません。

そのようなときは、できれば優しく微笑んで、肯定して、共感してみてはいかがでしょうか。

間違いを指摘せずに、なるほどとうなずけば大丈夫です。

「なんだ、自分の心に嘘をつけということか」

はい。その通りです。

何もその場で真正面から否定をしなくても、あなたが優しくワインライフをリードしてあげれば、近いうちに必ずその人は正しいワインのテイスティングを知る日が来ます。

逆に、その場で正論を振りかざして指摘をすると、言われた側はワインについて委縮をしてしまい、最悪な場合ワインを嫌いになってしまうかもしれません。

嘘も方便、ということですよ。

さて、最後になりますが、僕はワインの初心者を増やしたくて、ワインの楽しみ方を知ってほしくて、さまざまな活動をしています。

ユーチューブではワインジャンル最大級のチャンネル「ワインブックス」を運営しています。ぜひチャンネル登録をして、お楽しみください。

ソムリエ試験、ワインエキスパート試験の受験をお考えの方であれば、ワインブックススクールという、最大級のオンラインのワインスクールも運営しています。

興味がある方は覗いてみてください。

あなたのワインライフは、すでにかなり質を上げているはずです。だってここまで読んでくれたのだから。

もしかしたら、ワインの表現を誰かに言いたくてうずうずしている人もいるかもしれません。

でも、きっとあなたの身近な人にワインの表現をしたときに、煙たい顔をされるのがいいところでしょう。

ここまでの基礎知識があって、さらに他者の理解度や経験、好みを理解して、最適な言葉を投げかけないと、テイスティングは思った10分の1も伝わらないはずです。

ここでフェーズの違う難しさにあなたは遭遇するでしょう。それでいいのです。階段を一歩上がった証拠です。

「せっかくここまで読んだんだから、直接会って話をしてみたい」

こんな変わり種の方もいらっしゃるかもしれません。僕は変わり種が大好きです。

あなたがワインの世界に足を踏み入れたからには、いつかお会いするときもあるでしょう。そのときはお声がけください。

実際にお会いしたときに、あなたのワインライフをお聞かせください。お待ちしております。

株式会社ワインブックス代表取締役　前場亮